摩擦学基础

汪久根　董光能　**主编**

西安电子科技大学出版社

内 容 简 介

本书介绍了摩擦学的基础知识，主要涉及表面和摩擦、磨损、润滑三大领域。全书共 7 章。第 1 章为绪论，介绍摩擦学的历史、现状和发展趋势。第 2 章为机械系统中的表面和摩擦，介绍真实表面、接触与摩擦。第 3 章为机械部件的磨损，介绍基本的磨损类型、机理及其防护技术。第 4 章为润滑剂的选择与润滑设计，介绍润滑状态的确定方法、相应的润滑剂选择方法和典型润滑结构的设计。第 5 章为典型表面摩擦学设计，针对典型工况，简述常见的摩擦学设计方法，包括表面处理、织构技术等。第 6 章为机械摩擦学分析与测试，介绍从实验室标准试样试验到工程实际台架试验的试验方法。第 7 章为典型零部件的摩擦学分析，以工程中的滚动轴承、滑动轴承、导轨与滚动丝杠等典型部件为对象，介绍摩擦学在其中的应用。各章末附有思考练习题。

本书可作为高等院校"摩擦学"课程的本科生教材，也可作为摩擦学领域工程技术人员的参考书。

图书在版编目(CIP)数据

摩擦学基础/汪久根，董光能主编. —西安：西安电子科技大学出版社，2018.5
ISBN 978 - 7 - 5606 - 4711 - 1

Ⅰ.① 摩… Ⅱ.① 汪… ② 董… Ⅲ.① 摩擦—基本知识 Ⅳ.① TH117.1

中国版本图书馆 CIP 数据核字(2017)第 231617 号

策　　划　陈　婷
责任编辑　杨　璠
出版发行　西安电子科技大学出版社(西安市太白南路 2 号)
电　　话　(029)88242885　88201467　　　邮　　编　710071
网　　址　www.xduph.com　　　　　　　　电子邮箱　xdupfxb001@163.com
经　　销　新华书店
印刷单位　陕西利达印务有限责任公司
版　　次　2018 年 5 月第 1 版　2018 年 5 月第 1 次印刷
开　　本　787 毫米×1092 毫米　1/16　印张 9.5
字　　数　219 千字
印　　数　1～2000 册
定　　价　21.00 元
ISBN 978 - 7 - 5606 - 4711 - 1/TH

XDUP 5003001 - 1

Foreword 前 言

 摩擦学是研究相对运动相互作用的表面/界面间的现象和存在的客观规律的一门科学。目前，摩擦学主要研究摩擦、磨损、润滑及其相互关系。摩擦学应用基础研究的发展路线为：由宏观研究到微观研究、由定性研究到定量研究、由单元技术研究到系统研究、由确定性研究到非确定性研究、由单原理研究到多原理研究、由单尺度研究到多尺度研究。

 摩擦学自 1966 年创立至今，发展迅猛，其知识体系十分庞大。作为一本面向本科生的教学用书，本书在参考国内外相关摩擦学专著、科技期刊、教科书、研究生学位论文和科技报告的基础上，考虑到本科生专业课程教学的特点，以夯实摩擦学的基础知识，适当兼顾前沿科学发展为编写宗旨，结合编者多年教学与科研经验完成了本书的编写。本书共 7 章。第 1 章为绪论，介绍摩擦学的历史、现状和发展趋势，有利于读者形成对摩擦学的总体认识。第 2 章为机械系统中的表面和摩擦，介绍真实表面、接触与摩擦。通过本章学习，为读者建立摩擦学的基本概念，认识到真实表面的粗糙本质及其表征方法、粗糙表面接触造成的摩擦机制。第 3 章为机械部件的磨损，介绍基本的磨损类型、机理及其防护技术。本章分门别类对磨损加以研究，达到认识磨损、利用和控制磨损的目的。第 4 章为润滑剂的选择与润滑设计，介绍润滑状态的确定方法、相应的润滑剂选择方法和典型润滑结构的设计。通过润滑介质与表面的相互作用，达到对摩擦、磨损的有效控制。第 5 章为典型表面摩擦学设计，针对典型工况，简述常见的摩擦学设计方法，包括表面处理、织构技术等。本章从设计角度，提供摩擦学问题的解决方案。第 6 章为机械摩擦学分析与测试。由于摩擦学的系统依赖性，问题的解决需要进行大量的试验，包括从实验室标准试样试验到工程实际台架试验。第 7 章为典型零部件的摩擦学分析，是摩擦学的综合运用，选取工程中的滚动轴承、滑动轴承、导轨与滚动丝杠等典型部件，介绍摩擦学在其中的贡献。

 本书由汪久根和董光能编写。汪久根编写第 1、4、7 章，董光能编写第 2、3、5、6 章。

 由于编者水平所限，书中不足之处在所难免，敬请读者批评指正。

编　者

2017 年 11 月

$\mathbf{C}$ontents
目 录

第 1 章　绪　论

1.1　摩擦学的历史、现状与发展

1. 摩擦学的历史

人类在新石器时代就利用摩擦磨损有目的地打磨石器。"钻木取火"是最早关于人类利用摩擦的文字记录（见图 1-1）。在我国古代传说中，钻木取火是一个名叫"燧人氏"的人发明的。那时，他在我们辽阔的土地上漫游，这天来到燧明国（今河南商丘），但是这里的树木火光闪闪，光芒四射。燧人氏仔细观看，原来树上有许多叫不出名字的大鸟，外表像啄木鸟，正用坚硬的大嘴不停地啄树干，每啄一下，就溅出明亮的火花。燧人氏从这里得到启示，想到了钻木取火的方法。

图 1-1　钻木取火

公元前 2698 —公元前 2599 年间，黄帝制造古车，出现了车轴的滑动轴承；公元前 400 年前后，中国就出现了金属材料制作的轴瓦[1]。大约公元前 2500 年，古埃及人发现他们的马车在潮湿的沙路上比较容易滑动，于是他们把水泼在路上来减小摩擦；在搬运石像时也运用这一技术，从而主动控制摩擦过程（见图 1-2）。

公元前 1600 —公元前 1200 年，中国人已用天然磨料研磨铜器、玉器和铜镜；公元前 476 年，中国人已用青铜制成棘齿轮（直径 25 mm、40 齿）[1]。1772 — 1794 年，英国人 C. Vario 和 P. Vaughan 先后发明球轴承。1785 年，法国人 C. A. de Coulomb 用机械啮合概念解释干摩擦，首次提出摩擦理论。1862 年，德国人 L. D. Girard 发明液体静压轴承。1883 年，英国人 O. Reynolds 通过实验发现液体的层流和湍流两种流动状态[2]。

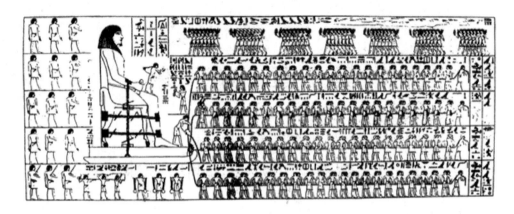

图 1-2 古埃及人搬运石像(公元前 1900)[2]

在机械工业得到发展以后，由于机械零件的磨损失效，需要制造机械零件的大量配件，消耗了大量的材料与能源，关键零件的磨损成为亟待解决的问题。后来在工业革命过程中，英国教育科学研究部于 1965 年提出了"摩擦学"概念，主要研究摩擦、磨损和润滑问题。H. P. Jost 博士对摩擦学作了定义：摩擦学（Tribology）是研究作相对运动的相互作用表面间摩擦行为对于机械系统作用的理论和实践科学。目前，摩擦学主要研究摩擦、磨损、润滑问题和表面工程问题。

摩擦学研究对象的尺度非常宽广，研究对象与常用分析工具如图 1-3 所示。常见的摩

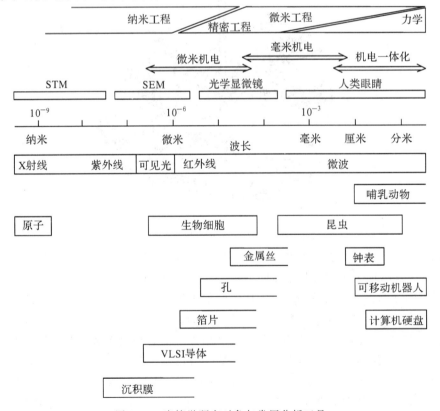

图 1-3 摩擦学研究对象与常用分析工具

擦学研究对象的尺度如图 1-4 所示，包括从地球板块的太米尺度到原子间摩擦的纳米尺度。机械零件的误差为微米级，润滑膜的厚度也常为微米级，因此对微米级的摩擦、磨损与润滑问题的研究最为广泛、深入。

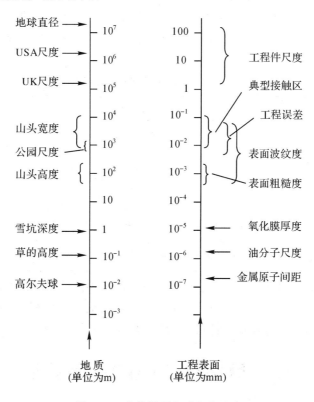

图 1-4　摩擦学研究对象的尺度

20 世纪 50 年代，中国科学院和机械工业部有关部门开始了摩擦、磨损和润滑技术的研究。1979 年成立了中国机械工程学会摩擦学分会。1986 年开展了全国摩擦学工业调查[3]。2006 年，中国工程院开展了咨询研究项目[4]。

在 1986 年对我国冶金、石油、煤炭、铁道运输、机械五个大行业的调查表明，应用已有摩擦学知识，每年可以节约 37.8 亿元左右，约占这五个行业 1984 年可计算部分生产总值的 2.5%。1984 年，我国工矿企业在摩擦、磨损、润滑方面的节约潜力为 176.4 亿元，约占国民生产总值的 1.37%[3]。

2006 年，我国消耗在摩擦、磨损和润滑方面的资金约为 9500 亿元；如果正确运用摩擦学知识，可以节省人民币 3270 亿元，占我国国内生产总值（GDP）的 1.55%[4]。

2. 摩擦学的现状与发展

据估计，全世界在工业方面约有 1/3～1/2 的能量消耗于摩擦过程中，而摩擦引起磨损，我国每年都要用一大批钢材去制作配件，磨损件占了其中很大的比例。对 1378 项失效所进行的分类结果表明：疲劳破坏、磨损和腐蚀占 73.88%，断裂占 4.79%。摩擦学研究的目的就是减少摩擦过程中的能量损耗、减少材料的磨损或延长零件的使用寿命。

自从 20 世纪 30 年代以来，人们相继发明了磁流体润滑、电流变体润滑与液晶体润滑，逐步实现了对润滑过程与状态的主动控制。人们也研究主动控制机器中摩擦副的摩擦过程

和磨损过程,以减少机械零部件的磨损,节约能源与材料消耗。

(1)用电场控制摩擦磨损过程起源于 20 世纪 50 年代。

(2)用磁场的控制技术起源于 1968 年印度学者的研究。

(3)用超声波的主动控制技术,产品设计开始于日本学者在 90 年代对超声波电机和导轨的研究,其起源可追溯到物理学中超声波的开始阶段,当时人们就试验研究了超声波对磨损的影响。

表 1-1 润滑剂膜厚的变化[5]

时　　间	案　　例	膜厚/m
1900 年	滑动轴承	$10^{-4} \sim 10^{-5}$
1950 年	稳态载荷的轴承	10^{-5}
1980 年	动态载荷的轴承	$10^{-5} \sim 10^{-6}$
1990 年	弹流润滑的齿轮、滚动轴承、凸轮和人工关节	$10^{-6} \sim 10^{-7}$
1990—2000 年	磁记录设备、塑性-弹性动力润滑	$10^{-7} \sim 10^{-9}$

目前,摩擦学的应用基础研究发展迅速,主要的发展路线有:由宏观研究到微观研究(见表 1-1)、由定性研究到定量研究、由单元技术研究到系统研究、由确定性研究到非确定性研究、由单原理研究到多原理研究、由单尺度研究到多尺度研究等。

1.2　摩擦学在工业中的重要性

摩擦学的研究是工业发展需要催生的,同时摩擦学的研究成果也推动了相关科学技术的进步,如表 1-2 所示。据统计,我国的等当量 GDP 能源消耗是美国的 2 倍、欧洲的 3 倍、日本的 4 倍。日本社会进入工业化比我国早,因此先遇到大量摩擦学问题。日本国民总产值的能源单耗,1985 年比 1973 年降低了 31.5%。日本的能源消耗大户是汽车运输部门,1985 年比 1975 年燃油单耗节约 38%,其中改善润滑油所占数值为 10.5%。美国、日本等国的第一代节能润滑油节能效果指标是 1.5% 以上,第二代润滑油节能效果指标是 2.7% 以上。日本的节能减排研究值得我们借鉴。

表 1-2 摩擦学与工业发展的关系[6~10]

时间	工业发展	时间	工业发展
1769 年	铁路工业与蒸汽轮船工业	1960 年	航天技术
1883 年	B. Tower 实验,Michell 轮船螺旋桨轴的可倾瓦推力轴承	1970 年	可靠性与减少维修
1930 年	飞机和汽车工业	1980 年	制造工业摩擦学
1940 年	燃气轮机(NEL and NASA:高速轴承)	1990 年	信息存储系统
1950 年	原子能技术	2000 年	生物摩擦学

目前,摩擦学研究的主要内容有:

（1）摩擦、润滑和磨损的机理。

（2）依据摩擦学原理确定产品设计准则。

（3）摩擦学的应用研究，主要包括：

① 工程摩擦学，例如机械连接、机械传动、轴承等；

② 微纳摩擦学，包括分子润滑、纳米级尺度的摩擦与磨损、分子级黏着；

③ 体育摩擦学，例如游泳衣、跑鞋、防滑粉等；

④ 音乐摩擦学，例如京胡、小提琴等；

⑤ 生态摩擦学，例如润滑剂的生物降解性、摩擦噪声等；

⑥ 日常生活摩擦学，例如牙膏、护肤品、鞋底和手套等。

1. 机械制造

机械制造包括机械制造设备、冶金机械、工程机械以及其他机械。机械制造设备常用的有车床、磨床、铣床、刨床、镗床等；常用的金属塑性加工设备有轧制、拉拔、冲压以及爆炸成形等（见图 1-5）。

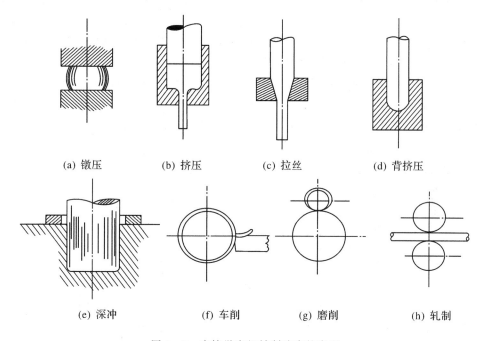

(a) 镦压　　　(b) 挤压　　　(c) 拉丝　　　(d) 背挤压

(e) 深冲　　　(f) 车削　　　(g) 磨削　　　(h) 轧制

图 1-5　摩擦学在机械制造中的应用

通用机械零部件有齿轮、蜗杆、滑动轴承、滚动轴承、凸轮挺杆、带传动、链传动等。在接触力学中又分为名义线接触和名义点接触的高副、滑动摩擦副、回转摩擦副和螺旋摩擦副的面接触低副。

长期以来，人们对齿轮啮合摩擦副、球轴承、滚子轴承、滑动轴承和蜗杆啮合摩擦副等进行了细致的研究与摩擦学设计。新的润滑剂和添加剂大幅度提高了机械传动与轴承的抗胶合能力，延长了零件的使用寿命。对于冶金机械的轧辊磨损、拉拔加工等塑性成形加工过程也有深入的研究（见图 1-6），分析了材料变形过程中的应力与应变、摩擦热与温度变化、模具的磨损以及零件的表面完整性等。金属塑性成形过程的摩擦学设计可以提高产品质量和劳动生产率。

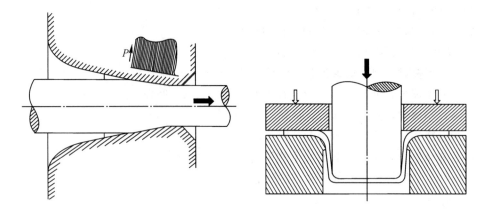

图 1-6 摩擦学在塑性成形制造中的应用

2. 交通运输

目前汽车制造业产值占工业生产总产值的 35%。车辆工业、铁路交通、水上交通的轮船用汽油机和柴油机，大都采用往复式活塞发动机（见图 1-7），其中的滑动轴承、凸轮挺杆、气门的设计内容主要为摩擦学设计；活塞环-缸套的磨损与润滑问题，也需要从边界润滑、混合润滑、表面改性和材料选择等方面加以设计。

往复式活塞发动机是应用最广泛的内燃机，其中活塞环-缸套摩擦副、气门摩擦副、凸轮挺杆摩擦副和滑动轴承摩擦副是发动机摩擦学设计的关键。在铁路运输中，轮轨摩擦副极为关键，在高速铁路中尤其如此（见图 1-8），需要对轮轨系统进行接触疲劳等耐磨损设计。

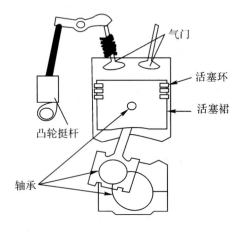

图 1-7 汽车发动机的摩擦学问题

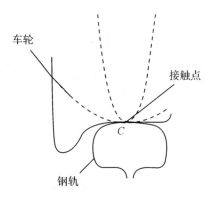

图 1-8 火车轮轨接触

3. 航空航天

在 1960—2000 年的 40 年间，在世界范围内，空间运载工具和飞行器发生了 11 起由于摩擦学问题引起的事故。美国国家航空航天局（NASA）的研究表明，相当比例的空间机械失效与润滑有关。

航空工业中，飞机的轴承寿命是关键问题之一，长期对航空轴承技术的攻关，从材料选择、结构设计、参数设计、润滑与密封多方面进行摩擦学系统研究。另一方面，航空发动机的工况参数日益提高，也对其摩擦学设计提出新的课题。

　　航天工业中，对高速飞行器提出了热防护系统（Thermal Protection System，TPS）设计，设计对象是多次运载的航天飞机或者运载飞船，由于与空气的摩擦，产生大量气动热。模拟分析得到的最高表面温度可达 2100℃（见图 1-9）。摩擦热的防护设计是航天器的关键技术之一，在月球车的设计中，轮子的设计也有很高要求，既要求重量轻、强度高、爬坡能力强，也要求摩擦系数小、耐磨损等（见图 1-10）。

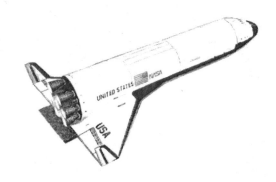

图 1-9　航天飞机的气动热

图 1-10　玉兔月球车

4. 能源工业

　　2015 年，我国国内成品油消耗量比 2014 年同比增长 2.8%，增长速度远大于国民经济的增长速度。石油钻探设备中有很多摩擦学问题需要解决，例如钻头的磨损问题（见图 1-11）。煤炭开采设备中的钢丝绳传动（见图 1-12），涉及摩擦功耗的计算和钢丝的疲劳断裂等问题。总而言之，能源工业的装备设计与应用中存在摩擦学问题，设备的摩擦学设计是必然的要求。

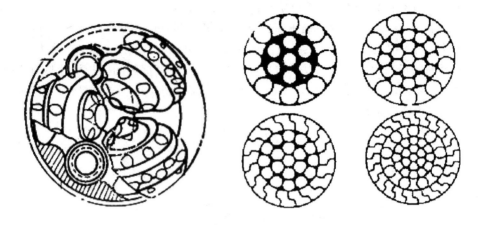

图 1-11　勘探钻头　　　　　图 1-12　钢丝绳结构

5. 生物摩擦学

人工关节(见图 1-13)、义齿、人工肝、人工心脏、人工膀胱等都是摩擦学与生命科学相结合而产生的科学问题,关节置换可以显著地提高病患者的生活质量。从弹流润滑的角度来研究关节时,不仅要研究关节液的流变特性、关节的几何形状、表面形貌和软骨的机械性能,而且需要研究关节的时变特性、动态摩擦学特性等。

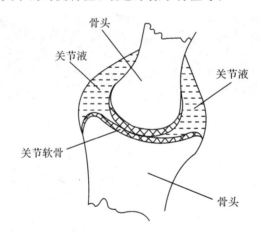

图 1-13　人体髋关节

关节由骨头和一层软骨、关节液组成。软骨是一种高度疏松但其渗透性却很低的物质。关节液由蛋白质和朊酸组成,其黏度对压力的变化不太敏感。目前,陶瓷型人工关节已得到普遍临床应用。

思考练习题

1.1　摩擦学与机械工业发展的关系是怎样的?

1.2　摩擦学在机械工程中应用时,常见的技术问题有哪几个方面?

1.3　结合 21 世纪的科技革命,思考摩擦学的发展趋势。

参 考 文 献

［1］ 陆敬严，华觉明. 中国科学技术史(机械卷)［M］. 北京：科学出版社，2000.

［2］ Dowson D. History of Tribology［M］. London：Professional Engineering Publishing Limited,1998.

［3］ 中国机械工程学会摩擦学学会. 全国摩擦学工业应用调查报告［C］. 中国机械工程学会三十五周年年会论文集，1986：1－7.

［4］ 谢友柏，张嗣伟. 摩擦学科学及工程应用现状与发展战略研究［M］. 北京：高等教育出版社，2009.

［5］ Dowson D. Developments in lubrication — the thinning film［J］. Journal of Physics D,1992,25:A334－A339.

［6］ Halling J. Principles of tribology［M］. London：TheMacmilan Press，1975.

［7］ Moore D F. Principles and Applications of Tribology［M］. Oxford：Pergamon Press,1975.

［8］ Kragelsky I V，Alisin V V. Friction wear lubrication, tribology handbook［M］. Vol. 1, Oxford：Pergamon Press，1981.

［9］ Kragelsky I V，Alisin V V. Friction wear lubrication, tribology handbook［M］. Vol. 2，Oxford：Pergamon Press，1981.

［10］ Kragelsky I V，Alisin V V. Friction wear lubrication, tribology handbook［M］. Vol.3, Oxford：Pergamon Press，1981.

第2章 机械系统中的表面和摩擦

纷繁的世界呈现的是表面。是什么决定了表面的光滑与粗糙呢？我们认识世界是从表面开始的。表面，我们打交道最多，却又认识得最少。

表面形貌包含产品或零件表面的粗糙度、波度、形状误差以及纹理等四个方面的特性。

表面形貌对产品或零件的功能有很大的影响，尤其是对表面的磨损、润滑、摩擦、振动、噪声、疲劳、密封、配合性质、涂层质量、抗腐蚀性、导电性、导热性和反射性能的影响更为强烈。正确地设计和控制表面形貌，其作用往往不亚于采用一种新材料和新结构，有着重大的经济价值。

2.1 真实接触面积

2.1.1 真实表面的基本性质

机械系统结构间的动力传递与运动耦合是通过接触界面进行的。机械零件性能，如接触疲劳强度、摩擦磨损和腐蚀等，以及机械装备的动态性能，都涉及许多界面行为。机械装备的界面类型复杂多样，以典型传动设备为例，其界面类型包括轴承滚动界面、齿轮啮合界面、螺栓固结界面等，如图 2-1 所示。

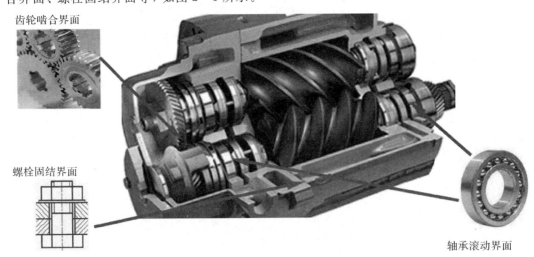

图 2-1　典型传动设备的界面

接触行为与考察的尺度有关，可分为宏观接触（macro-contact）和微观接触（micro-contact）。滚动轴承的滚子与内外圈和滚道之间可认为是宏观接触。无论是宏观接触还是微观接触都是通过表面或界面进行的。根据研究问题的需要，表面可分为真实表面、几何表面和虚拟表面。真实表面是日常所接触的表面；几何表面即为按照几何学方法生成的表面，其表面是光滑的；虚拟表面为由计算机技术生成的表面。

真实表面按其制造方式可分为工程表面（或人工表面）和天然表面；按其表面是否有纹理可分为织构化表面和非织构化表面。

通常，工程表面是有污染层的。金属在机械加工过程中暴露出来的新生表面，如果不加处理，很快就会被空气氧化，被周围的介质污染，也会吸附空气中的气体等，形成各种表面膜。

工程表面的相关物理概念如下：

表面形貌（surface topography）：也称为表面织构（surface texture），是指固体表面的微观几何形状，尤其与沿垂直高度的微观变量有关。现在普遍把具有规则的表面形貌称为表面织构。表面的织构化设计是当前摩擦学的前沿领域。

表面轮廓（surface profile）：在表面几何形貌测量中，垂直于表面的平面与被测表面相交所得的曲线为表面轮廓。

实际轮廓（veal profile）：平面与实际表面相交所得的轮廓线为实际轮廓。现行采用的二维表面粗糙度参数就是在这个轮廓线上进行评定的，是在垂直于基准面的截面——法向截面上计算粗糙度各种参数的数值。

几何轮廓（geometric contours）：平面与几何表面相交所得的轮廓线为几何轮廓。其形状随几何表面的形状和平面与其相交的方位而定，平面与平表面相交所得的轮廓线为直线。几何轮廓是一条理想形状的轮廓线，表面粗糙度也可以说是实际轮廓线在微观上相对偏离表面轮廓高度平均值的程度。

如果把表面放大来看，任何固体表面都是不平的。固体表面形貌通常可以看作由两种成分组成：波纹度和粗糙度。前者是对理想光滑表面的大尺度偏差，后者是对理想光滑表面的小尺度偏差，粗糙分布在波纹上。镜面光滑的金属表面的粗糙高度也有几十纳米，一般金属表面的粗糙高度为 $0.1 \sim 50 \ \mu m$，粗糙表面的高度达 $100 \sim 200 \ \mu m$。

（表面）粗糙度（(surface) roughness）：固体表面上较小间距内，由峰谷所组成的表面微观几何形状特征的量度，其大小一般由加工方法和其他因素决定。

表面粗糙高度分布是不规则的，为了描述一个表面的粗糙特征，通常是用一组定义在表面的横截面中的参数来达到这个目的。将针式表面轮廓仪的探针划过表面，就可以得到某一个方向上的表面轮廓图形。实际测量时常为了表达表面的粗糙现象，通常使表面轮廓曲线在高度方向上的放大倍数和探针前进方向上的放大倍数不同，在分析表面轮廓曲线时尤其要注意这一点。垂直方向一般是水平方向的 $50 \sim 100$ 倍（见图 2 - 2）。

机械系统的表面并不是粗糙度越小越好，合适的表面粗糙度有利于防止黏着，也有利于磨屑的排出。当然不同的系统对表面粗糙度的要求是不同的。宏观机械表面粗糙峰一般在微米或亚微米级，而微纳米机械的界面上则要求粗糙峰在纳米或原子级别。

常规光学系统中，用于反射、折射的光学元件表面粗糙度约为几十纳米；在短波光学领域，如强激光、软 X 射线以及光刻系统等，表面粗糙度小于 1 nm，即为超光滑表面。所谓超光滑表面，是指其表面粗糙度均方根值小于 1 nm 的表面，并且具有较高的面形精度和

较低的表面波纹度。最小的氢原子直径约为 0.064 nm，最大的铯原子直径约为 0.47 nm，超光滑表面微观起伏的均方根值为几个原子的尺寸。

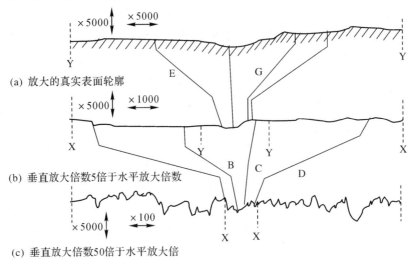

(a) 放大的真实表面轮廓

(b) 垂直放大倍数5倍于水平放大倍数

(c) 垂直放大倍数50倍于水平放大倍

图 2-2　不同放大倍数的情况对比[1]

2.1.2　表面微凸体

大多数工程表面是微观上粗糙的。表面上微小的不规则凸起通常称为微凸体（asperities），见图 2-3。粗糙表面是由若干个微凸体组成的，实际接触（actual contact）发生于微凸体之间。表面高的微凸体先接触。载荷不大时，接触的微凸体发生弹性变形；载荷增大，转为塑性变形。硬度高的微凸体峰压入软的表面。相对滑动时，接触点不断改变，旧的脱开，新的加入。整个接触过程中，表面形貌不断改变，表面层的物理机械性能也在不断改变。

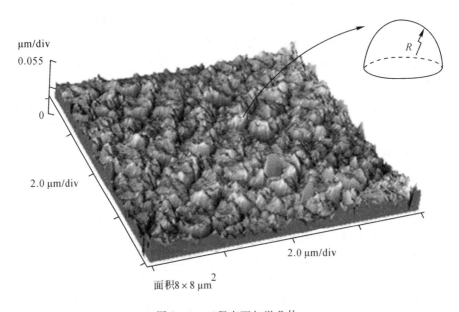

图 2-3　工程表面与微凸体

2.1.3　名义接触面积和真实接触面积

在研究两个表面的接触之前，必须将两个重要的概念区分开来：名义接触面积（Apparent（Nominal）contact area），用 A_n 表示；真实接触面积（Real（Actual）contact area），用 A_r 表示。

1. 名义接触面积

定义 2.1　宏观几何边界决定的面积即为名义接触面积。

平面与平面相贴时，接触面积的概念比较简单，如果正方形的边长是 10 mm，接触面积就为 100 mm²，这种情况就称为面接触，垂直施加 10 kN 的载荷时，表面压力为 100 MPa。这种宏观边界决定的面积即为名义接触面积。工程中计算滑动轴承的承载时，使用的比压即为按名义接触面积求得的压强。动压滑动轴承的比压一般不超过 10 MPa，即通常所说的低副接触。图 2-4 中边长为 a、b 的几何块体接触时，宏观边界决定的几何面积，即理想光滑平面的两物体接触的表观面积为

$$A_n = ab \tag{2-1}$$

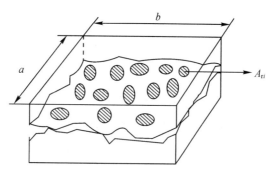

图 2-4　名义接触面积和真实接触面积

2. 真实接触面积

设两表面在法向力 W 作用下，在粗糙的微凸体峰处的实际接触面积为 $A_{r弹}$，其上承受载荷 $W_弹$，则在接触面上有

$$W_弹 = \sum_{i=1}^{n_1} A_{r弹 i} p_{弹 i} \tag{2-2}$$

当载荷增大，超过固体的屈服极限时，出现塑性变形。参与接触的微凸体的数目不断增加，直至达到平衡而不再增加，此时微凸体的压力值 p_m 为屈服压力。而较低的未屈服的微凸体仅承受产生弹性变形的载荷 $W_弹$。此时，

$$W = \sum_{i=1}^{n_1} A_{r弹 i} p_{弹 i} + p_m \sum_{j=1}^{n_2} A_{rmj} \tag{2-3}$$

式中：W 为法向载荷；A_r 为真实接触面积（real contact area）；p_m 为塑性流动压力或屈服应力。一般地，产生弹性变形的总接触面积比达到塑性变形的总面积小，则式（2-3）中的第 1

项可忽略不计,故上式可表示为

$$W = p_m \sum_{i=1}^{n_1} A_{rmi} \approx p_m A_r \qquad (2-4)$$

或

$$A_r = \frac{W}{p_m} \qquad (2-5)$$

因此,在塑性接触时,真实接触面积与载荷成正比。

一般可认为塑性流动压力 p_m 为材料的硬度值(视具体的微凸体的顶端为球体或锥体而采用布氏硬度值或维氏硬度值,硬度的单位可看作 kgf/mm^2,即 9.8 MPa。kgf 为力的工程单位,即千克力,kilogram force)。此时的真实接触面积为

$$A_r = \frac{W}{H} \qquad (2-6)$$

式中:H 为接触副中较软材料的硬度。

A_r 随接触载荷的增大而增大,由于新接触的斑点数目增多且较小,接触斑点的平均尺寸几乎保持不变。真实接触面积为物体接触时各微凸体发生变形(弹性和塑性)产生的微接触面积的总和。真实接触面积只占名义接触面积的很小一部分,一般低于名义接触面积的 1%,$A_r = (0.01 \sim 0.001)A_n$。

$$A_r = \sum_{i=1}^{n} A_{rj} \qquad (2-7)$$

式中,n 为接触点数。

常见表面参数的范围如表 2-1 所示。

表 2-1　常见表面的参数范围

常见表面	参数范围
微凸体密度	$10^2 \sim 10^6$ 峰数/mm^2
微凸体间距	$1 \sim 75 \ \mu m$
微凸体斜率	$0° \sim 25°$ 但主要为 $5° \sim 10°$
峰半径	大多数为 $10 \sim 30 \ \mu m$

例 2-1　一块 1020 钢滑块,长 101.6 mm、宽 50.8 mm、厚 12.7 mm,与 4340 钢淬硬大平板相接触,界面上承受的法向力为 4448 N,如果 1020 钢的屈服强度为 336 MPa,试估计真实接触面积与表观接触面积之比,这一比值将会产生什么样的结果?

解　真实接触面积:

$$A_r = \frac{W}{\sigma_s} = \frac{4448}{336 \times 10^6} = 1.32 \times 10^{-5} \, m^2 = 13.2 \ mm^2$$

名义接触面积:

$$A_n = ab = 101.6 \times 50.8 = 5161.28 \ mm^2$$

二者之比:

$$\frac{A_r}{A_n} = \frac{13.2}{5161.28} \approx 2.56 \times 10^{-3}$$

可见，真实接触面积只占表观接触面积的很小一部分（0.256%）。此时在外力作用下，导致接触表面塑性变形和氧化膜破裂。

例 2 - 2　根据 Holm 的球面接触理论，两等半径球面接触时电流线收缩，路径加长，电流通过的截面大大缩小，产生了新的附加接触电阻——收缩电阻 R_s：

$$R_s = \frac{\rho_1 + \rho_2}{4a}$$

式中：a 为点圆的半径；ρ_1、ρ_2 分别为触点 A、B 的电阻率；若触点 A、B 材料相同，则 $\rho_1 = \rho_2$，接触电阻为

$$R_s = \frac{\rho}{2a}$$

对两块钢板测得负荷为 300 N 时的电阻是 $5 \times 10^{-5} \ \Omega$；钢的屈服强度为 600 MPa，电阻率为 $4 \times 10^{-5} \ \Omega \cdot m$。请计算结点的数目。

解　假定结点半径相等，测得的电阻是由这些结点的电阻结合起来的结果。

达到屈服时有

$$F_N = \sigma_s A_r = n\pi a^2 \sigma_s \tag{2-8}$$

式中，n 为总的结点数。

总接触电阻为每个结点并联所得电阻：

$$R = \frac{\rho}{2na} \tag{2-9}$$

将式（2-9）代入式（2-8）得到

$$F_N = n\pi \left(\frac{\rho}{2nR}\right)^2 \sigma_s$$

所以，总结点数为

$$n = \frac{\pi \rho^2 \sigma_s}{4R^2 F_N} = \frac{3.14 \times 16 \times 10^{-14} \times 600 \times 10^6}{4 \times 25 \times 10^{-10} \times 300} = 100$$

由例 2 - 2 也可得出测量真实接触面积的另一方法——接触电阻法。其困难在于微小电阻难以准确测量，使得本法的运用受到很大限制。本例给出的是两个球体的接触，若为球体与平面或其他形式的接触，读者可自行求出。

2.2　弹塑性接触的判据

2.2.1　Hertz 弹性接触

1882 年，Hertz 提出了弹性接触理论，给出了弹性接触的接触斑半径、弹性变形量和接触应力的计算方法。满足 Hertz 弹性接触理论的基本假设为：

（1）两接触体在初始接触位置附近的表面连续；

（2）非共形的高副接触；

（3）小变形，即接触时变形在弹性极限以内，无残余变形；

（4）接触面内不存在切向载荷，即无摩擦；

（5）接触副的材料完全弹性；

（6）接触材料绝对均匀且各向同性；

（7）接触表面之间无润滑剂。

按照 Hertz 理论可求解球/球接触、球/平面接触和球/凹面接触几种典型接触形式，所得的接触斑半径 a、变形量 δ 和最大接触压力 q_{max} 如表 2-2 所示。表中：W 为载荷；E_1 和 E_2 分别为一对接触副材料的弹性模量；υ_1 和 υ_2 分别为一对接触副材料的泊松比。一般情况下，钢材的弹性模量 $E \approx 200$ GPa，泊松比 $\upsilon = 0.3$。

$$1/E^* = \frac{1-\upsilon_1^2}{E_1} + \frac{1-\upsilon_2^2}{E_2}$$

$$\frac{1}{R^*} = \frac{1}{R_1} + \frac{1}{R_2}$$

凹面接触时，其半径取负值。

表 2-2　简单接触形式的计算[2]

接触形式	接触半径 a	变形量 δ	最大接触压力 q_{max}
球/球	$E_1 = E_2$，$\upsilon_1 = \upsilon_2 = 0.3$（材料相同时，曲率半径不同） $a = \sqrt[3]{\dfrac{3\pi W R^*}{4E^*}}$ $= 1.109\sqrt[3]{\dfrac{WR^*}{E}}$	$\delta = 1.23\sqrt[3]{\dfrac{W^2}{E^2 R^*}}$	$q_{max} = \dfrac{3}{2}\dfrac{W}{\pi a^2} = 0.388\sqrt[3]{\dfrac{WE^2}{R^{*2}}}$
球/平面	$E_1 = E_2$，$\upsilon_1 = \upsilon_2 = 0.3$，$R_1 = \infty$（材料相同时，平面的曲率半径为 ∞） $a = 1.109\sqrt[3]{\dfrac{WR_2}{E}}$	$\delta = 1.23\sqrt[3]{\dfrac{W^2}{E^2 R_2}}$	$q_{max} = 0.388\sqrt[3]{\dfrac{WE^2}{R_2^2}}$
球/凹面	$E_1 = E_2$，$\upsilon_1 = \upsilon_2 = 0.3$，$R_1 < 0$（材料相同时，凹面的曲率半径为负，$\lvert R_1 \rvert > R_2$）$1/R^* = 1/(-R_1) + 1/R_2$ $a = 1.109\sqrt[3]{\dfrac{WR^*}{E}}$	$\delta = 1.23\sqrt[3]{\dfrac{W^2}{E^2 R^*}}$	$q_{max} = 0.388\sqrt[3]{\dfrac{WE^2}{R^{*2}}}$

2.2.2　粗糙表面的弹性接触

Hertz 接触是针对简单形状物体的接触，而工程表面是粗糙的。Greenwood 和

Williamson(1966)[3]提出可以理想化地把两个粗糙表面的接触假定为一个粗糙表面与刚性光滑平面的接触，而粗糙表面的微凸体顶端为等半径的球体，其峰的高度随机分布。等效后形成的新的粗糙表面具有等效弹性模量 E^*、等效曲率半径 R^* 和等效表面粗糙度 σ^*，与一刚性光滑平面接触时，等效参数可按式(2-10)~式(2-12)计算：

$$\frac{1}{E^*} = \frac{1-\upsilon_1^2}{E_1} + \frac{1-\upsilon_2^2}{E_2} \tag{2-10}$$

$$\frac{1}{R^*} = \frac{1}{R_1} + \frac{1}{R_2} \tag{2-11}$$

$$\sigma^* = \sqrt{\sigma_1^2 + \sigma_2^2} \tag{2-12}$$

式中：E_1、E_2、υ_1、υ_2 分别为两接触表面材料的弹性模量和泊松比；R_1、R_2 分别为两接触球的半径。

H^* 为系统的等效硬度，通常取两表面中较软者的压入硬度，该参数与其屈服应力 Y 有关，取 $H \approx Y$，H 的单位为 kgf/mm^2，可转化为 Pa。但应当考虑两个材料的综合作用[4]，材料的硬度为 $Y < H < 2.8Y$，当配副表面的曲率半径差别较大时，建议取材料的等效硬度为

$$\frac{1}{H^*} = \left(\frac{1}{H_{SR}} + \frac{2}{H_{LR}} \right) \tag{2-13}$$

式中：H_{SR} 为较小曲率半径表面的硬度；H_{LR} 为较大曲率半径表面的硬度。而当表面曲率半径相似时，等效硬度为

$$\frac{1}{H^*} = \left(\frac{2}{H_1} + \frac{2}{H_2} \right) \tag{2-14}$$

粗糙表面接触的变形量较小时，相互作用的球之间将发生弹性变形。根据经典的 Hertz 接触理论，总的实际接触面积 A_r 和平均接触载荷 W 为

$$A_r = \pi R^* \delta \tag{2-15}$$

$$W = \frac{4}{3} E^* R^{*1/2} \delta^{3/2} \tag{2-16}$$

式中，δ 为法向变形量。式(2-15)与式(2-16)合并得

$$A_r = \pi \left(\frac{3}{4} \frac{WR^*}{E^*} \right)^{2/3} \tag{2-17}$$

由此得到 $A_r \propto W^{2/3}$，即在弹性接触下，实际接触面积与载荷的 2/3 次方成正比。根据弹性力学可知，Hertz 接触时的平均接触压力 p_0 为最大接触压力 q_0 的 2/3。由式(2-15)和式(2-16)可计算出初始屈服点的法向变形量 δ。

$$p_0 = \frac{2}{3} q_0 \tag{2-18}$$

则

$$\delta = \left(\frac{\pi q_0}{2E^*} \right)^2 R^* \tag{2-19}$$

当球和平面接触的最大 Hertz 接触压力 q_0 达到较软材料硬度的 0.6 倍，即 $0.6H$ 时，则开始发生塑性流动。此时的塑性变形量作为临界塑性变形的判据 δ_p，有

$$\delta_p = 0.89 \left(\frac{H^*}{E^*}\right)^2 R^* \qquad (2-20)$$

为方便起见，可检测的塑性流动的判据应大于式(2-20)的值，即

$$\delta_p = R^* \left(\frac{H^*}{E^*}\right)^2 \qquad (2-21)$$

对式(2-21)进行归一化处理，得

$$\frac{\delta_p^*}{\sigma^*} = \frac{R^*}{\sigma^*}\left(\frac{H^*}{E^*}\right)^2 \qquad (2-22)$$

2.2.3　完全塑性接触

塑性状态下的平均接触应力在小的应变硬化条件下，$p_0 \approx H \approx 2.8\sigma_y$；对于一般的应变硬化材料，$p_0 \approx H \approx 2.8\sigma_f$，其中 σ_f 为塑性流动应力。这两种情况都是宏观情况的近似。在微观情况下，这个值是测量值的上限；通常可以认为较软材料的硬度的下限为 $H \approx \sigma_y$。一般地，取

$$p_0 = H \qquad (2-23)$$

由 p_0 和 A_{rp} 可得 W 为

$$W = p_0 A_{rp} \qquad (2-24)$$

在塑性接触时，实际接触面积只与载荷有关，而与微凸体的高度分布无关。接触点发生塑性流动，总的真实接触面积趋于稳定，并等于一个确定的值。

2.2.4　塑性指数

式(2-22)反映了接触变形由弹性向塑性转变的性能，设其倒数并开平方作为判定接触时弹-塑性变形的转变指标——塑性指数 ψ，定义为

$$\psi = \frac{E^*}{H^*}\left(\frac{\sigma^*}{R^*}\right)^{1/2} \qquad (2-25)$$

式中，$(\sigma^*/R^*)^{1/2}$ 近似等于微凸体的平均斜率。

(1) 当 $\psi < 0.6$ 时，总是弹性接触（无论法向载荷多大）。当产生滑动时，几乎没有磨损或者磨损很小。

(2) 当 $\psi > 1.0$ 时，总是塑性接触（无论法向载荷多小），难于跑合。因为表面上较高的微凸体有较小的曲率半径，即使在接触载荷很小时也会发生塑性变形。无论载荷多小都将发生严重的磨损。

(3) 当 $0.6 \leqslant \psi \leqslant 1.0$ 时，是一种混合的弹塑性变形状态，既有弹性接触，又有塑性接触，磨损将强烈地依赖于加载载荷和接触压力，可通过跑合改善。

载荷越大，接触表面的接近量越大，塑性接触点的数目越多。事实上，在 $1 \leqslant \psi \leqslant 10$ 的范围内，接触中弹性变形和塑性变形混合存在。

对于常规抛光的金属接触面，典型的 ψ 的范围通常在 0.1～100 之间。微凸体的接触通常处于塑性模式。每个微凸体承受的载荷正比于其接触面积，总的真实接触面积正比于法向载荷，而与微凸体的高度分布和详细形状无关。只有极光滑的表面，微凸体的接触才有

可能处于弹塑性之间；对于陶瓷和塑料来说，由于其 E^*/H^* 的比值通常是金属的十分之一，因此微凸体的接触更有可能处于弹性接触状态。在工程实际中，工件的接触多数是金属面之间的接触，因此，多数微凸体处于塑性接触状态。铝合金表面微凸体变形与塑性指数的关系见图 2-5。

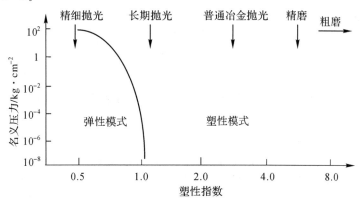

图 2-5　铝合金表面微凸体变形与塑性指数的关系[5]

塑性指数 ψ 是摩擦副材料的力学性能和表面形貌参数的无量纲群，表面的固有特性起决定性作用。在研究磨合和磨损的情况下，随着摩擦时间的延长，峰顶曲率半径增大，粗糙度降低，ψ 降低（如图 2-6 所示），表面接触由塑性接触转变为弹性接触。为了实现零件的长寿命、高效率运行，进行合理有效的跑合是必要的。

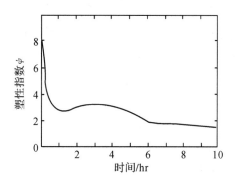

图 2-6　连续滑动时塑性指数的变化[3]

塑性接触常常导致材料表面与空气反应形成的保护性的氧化膜破裂，使新鲜的金属表面参与接触，在外压力的作用下，接触点间发生冷焊，即黏着。若有相对运动将导致黏着点剪断，即产生黏着磨损。一般情况下，减少塑性接触的途径有：

（1）通过机械加工的方法改善材料的表面性质，即减小粗糙度 σ，或增大微凸体顶端半径 R，即使之"钝化"，表面轮廓变平坦。

（2）在一种较软的金属表面上镀一层较硬的膜。这样软的基体在承载过程中吸收形变能，而硬的表面对塑性变形有较强的抗力。

由塑性指数的表达式（式 2-25）可以看出，提高系统硬度、增加微凸体的曲率半径、减小表面粗糙微凸体高度分布的标准偏差，都可以使塑性指数减小。实际工作中总是使 $\psi < 0.6$ 来改变材料的表面特性，弹性接触时材料仅有弹性变形，则不发生断裂，亦即不易

19

磨损。若弹性接触状态可维持，则只能由疲劳导致机械磨损。根据接触压力的范围可分别确定，在宽的接触压力范围内使用陶瓷，而在相对低的压力范围内使用聚合物和橡胶。在机械零件的设计和制造中，合理地选材，选择表面粗糙度参数以及加工方法具有重要的指导作用。

例 2 - 3　两块表面研磨的钢板，若其表面粗糙峰高的标准偏差分别为 0.2 μm 和 0.5 μm，峰顶平均半径分别为 5 μm 和 8 μm。将这两块钢板研磨面紧贴发生接触时，试问：

（1）接触类型是弹性接触、塑性接触、弹-塑性接触的哪一种？

（2）上一问所得结果与载荷是否有关？

（3）若载荷（包括钢板的重量）等于 100 N 时，真实接触面积是多少？

已知 $E_\text{钢} = 200$ GPa，$\upsilon_\text{钢} = 0.3$，$H = 8$ GPa。

解　根据已知条件，得

$$E_1 = E_2 = 200 \text{ GPa}, \quad \upsilon_1 = \upsilon_2 = 0.3, \quad H = 8 \text{ GPa}$$

$$\frac{1}{E^*} = \frac{1 - \upsilon_1^2}{E_1} + \frac{1 - \upsilon_2^2}{E_2} = \frac{2(1 - 0.3^2)}{200} \text{ GPa}^{-1}$$

或

$$E^* = 109.9 \text{ GPa}$$

$$\frac{1}{H^*} = \left(\frac{2}{H_1} + \frac{2}{H_2}\right) = \frac{4}{H}$$

所以 $H^* = 2$ GPa。

等效表面的表面粗糙度参数为

$$\sigma^* = \sqrt{\sigma_1^2 + \sigma_2^2} = \sqrt{0.2^2 + 0.5^2} = 0.5385 \text{ } \mu\text{m}$$

$$\frac{1}{R^*} = \frac{1}{R_1} + \frac{1}{R_2} = \frac{1}{5} + \frac{1}{8} = 0.3250 \text{ } \mu\text{m}^{-1}$$

（1）计算塑性指数，得

$$\psi = \frac{E^*}{H^*}\sqrt{\frac{\sigma^*}{R^*}} = \frac{109.9}{2}\sqrt{\frac{0.5385}{0.3250}} = 70.7325$$

由 $\psi > 1$ 可知，本例中的钢板接触以塑性接触为主。

（2）问题（1）的计算结果与载荷无关。

（3）塑性接触的实际面积为

$$A_\text{rp} = \frac{W}{H} = \frac{100}{8 \times 10^9} = 1.25 \times 10^{-8} \text{ m}^2$$

例如，磨削的齿轮，$\sigma^* = 0.21$ μm，$R^* = 21.2$ μm，齿面为软齿面（调质处理），硬度为 $H = 620(6.2 \text{ GPa})$，$E = 230$ GPa，经计算 $\psi = 19.30$，齿面属于塑性接触。因此，需要进行跑合，降低 ψ 值，促使该对齿轮向弹流润滑方向转化。最好使用含极压添加剂的齿轮油跑合，防止跑合过程中齿面擦伤。

2.3　滑动摩擦

2.3.1　经典摩擦定律

滑动过程中产生的阻力称为滑动摩擦力。通过对滑动摩擦现象的观察得到两条经验滑动摩擦定律(law of friction)，即通常所说的 Amontons 定律(该定律由 Amontons 于 1699 年重新发现，早在 200 多年前就由 Leonardo da Vinci 提出了)。

滑动摩擦定律可描述如下：

(1) 摩擦力 F 的大小与接触面间法向载荷成正比，即 $F = \mu W$。这是 Coulomb 摩擦的定义，称为 Euler-Amontons 定律。摩擦力与法向载荷成正比，即摩擦系数 μ 是常数。

(2) 摩擦力的大小和名义接触面积的大小无关。该定律称为 Leonardo (da Vinci) 定律。

(3) 摩擦力的大小与滑动速度无关。该定律通常称作 Coulomb 定律。

上述三个定律对摩擦现象的宏观描述未触及摩擦的本质，存在很大的局限性。直到 20 世纪 50 年代，F.P.Bowden 和 D.Tabor 的工作才揭开了摩擦的面纱。他们的工作也称为现代摩擦理论。

当两个相接触的粗糙表面发生相对运动时，相互作用的微凸体将不可避免地发生弹性变形和塑性变形，并且由于表面力而可能在相接触的地方形成黏接点(见图 2-7)。界面的摩擦是由切向运动在配合表面微凸体间的犁沟的推力和剪断黏接点的力造成的。摩擦在各种机械零件中不可避免地存在着。需要增加摩擦的情况如传动带、制动器、联轴器和离合器，需要减小摩擦的情况如齿轮、轴承、密封件等。

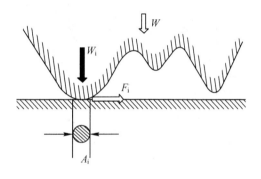

图 2-7　微凸体接触摩擦过程

一般情况下，可以将滑动摩擦分成以下两个过程：变形和黏着。F.P.Bowden 和 D.Tabor 注意到两个接触的滑动体间的真实接触面积，提出了黏着理论，可定量地估计滑动过程中金属摩擦系数的大小，获得了极大的成功。其理论要点包括：

(1) 表面接触点上具有很高的压力，使接触点发生冷焊(cold weld)或黏着在一起。

(2) 形成的黏着结点在表面相互滑动时会受到剪切作用。

(3) 黏着点的形成和剪断在表面上交替进行，构成了摩擦力的黏着部分。

(4) 如果摩擦副的材料硬度不同，或者表面上有较硬的突体，硬材料的突体会像犁地一样在较软材料表面形成犁沟，构成了摩擦力的变形部分。

(5) 如不考虑黏着和犁沟两项间的相互作用，总的摩擦力和摩擦系数可认为是这两部分之和，即

$$F = F_{黏着} + F_{变形} \tag{2-26}$$

$$\mu = \mu_{黏着} + \mu_{变形} \tag{2-27}$$

两部分的分离：

（1）选择高度光滑平坦的表面可以略去表面粗糙突体的变形作用，测出由表面接触中的黏着作用所决定的摩擦部分——仅考虑黏着作用项。

（2）在粗糙表面间仔细地使用性能良好的润滑剂，就可以略去表面挤压的黏着作用，测出由表面粗糙突体的变形所决定的摩擦力部分——仅考虑犁沟作用项。

2.3.2 犁沟摩擦

一个硬的粗糙表面在较软表面上滑动时，摩擦阻力主要是由于硬表面上的微凸体"犁"过软表面所造成的。这时可根据软金属发生塑性流动所需的力估计摩擦系数。由图 2-8 可知，法向力是通过法向的真实接触面积 A_r 作用于金属表面的，有

$$W = A_r P_{yn}$$

同理，切向力为

$$F_t = A_g P_{yt}$$

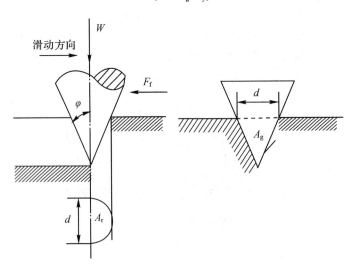

图 2-8　锥形头犁削表面

对于各向同性的金属，法向流动应力与切向流动应力相等，即

$$P_{yt} = P_{yn}$$

那么摩擦系数 μ_p 可表示为

$$\mu_p = \frac{F_t}{W} = \frac{A_g}{A_r}$$

实际上 A_g/A_r 值取决于锥形压头的形状，根据几何关系可得

$$\mu_p = \frac{2}{\pi}\cot\varphi \qquad\qquad (2-28)$$

式中，φ 为锥形压头的半顶角。读者可自行试算，当 $\varphi=89°$ 时，$\mu_p=0.0175$。

锥半角越大，表面粗糙度越小，犁沟摩擦系数也越小。

由于真实表面的粗糙峰斜度几乎总是小于 $10°$（即 $\varphi>80°$），因此，用这种方法估计出来的犁沟分量摩擦系数为 $\mu_p<0.1$。犁沟和黏着两项之和 μ 可能不超过0.3。实际上，对相的材料，$\mu=0.2$，这个系数只能认为是摩擦系数的下限值。由此可见，即使表面斜率只有 $1°$，

对 0.01 或更低量级的摩擦系数测量会产生很大的影响。当要求超低摩擦(摩擦系数 $\leqslant 10^{-3}$)时就要高度抛光表面。

例 2-4　硬金属球直径为 10 mm,在一软金属表面上滑动,产生 2 mm 宽的磨痕。测得摩擦系数为 0.4,求黏着对摩擦系数的贡献。

解　由图 2-9 可知支承载荷的水平投影面积 A_1(真实接触面积)与犁沟的纵投影面积 A_2(摩擦剪切面积)分别为

$$A_1 = \frac{\pi d^2}{8}$$

$$A_2 = R\left[R\theta - r\left(1 - \frac{\delta}{R}\right)\right] = \frac{R^2(2\theta - \sin 2\theta)}{2}$$

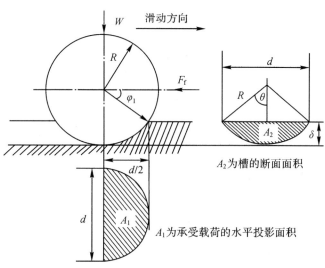

图 2-9　球形压头

设软金属的屈服压力为 σ_s,且塑性变形各向同性,则摩擦力 F_f 为

$$F_f = \sigma_s A_2$$

正压力 W 为

$$W = \sigma_s A_1$$

犁沟摩擦系数为

$$\mu_p = \frac{F_f}{W} = \frac{A_2}{A_1} = \frac{4R^2(2\theta - \sin 2\theta)}{\pi d^2} = \frac{2\theta - \sin 2\theta}{\pi \sin^2 \theta} = \frac{C(\theta)}{\pi}$$

无量纲贯穿深度 δ/R 的表达式为

$$\frac{\delta}{R} = 1 - \sqrt{1 - \left(\frac{r}{R}\right)^2}$$

式中,$r = d/2$。

由此得到:坚硬材料组合(使 r 减小)和大的粗糙表面微凸体峰半径将有助于降低犁沟摩擦。在进行摩擦系数测量时,使用大直径的测试球头,可减小犁沟摩擦的影响或将其减至可忽略的程度。

当犁沟很浅时,θ 很小,有

$$C(\theta) = \frac{2\theta - \sin 2\theta}{\sin^2 \theta} \approx \frac{4\theta}{3}$$

即

$$\mu_{\mathrm{p}} = \frac{4\theta}{3\pi} = \frac{4 \times \arcsin\left(\dfrac{1}{5}\right)}{3\pi} = 0.085$$

$$\left(\sin x = x - \frac{1}{3!}x^3 + \frac{1}{5!}x^5 + \cdots,\ x\ \text{很小时},\ \sin x \approx x,\ \text{当}\ x < 0.8\ \text{时},\ \text{误差}\ \left| \frac{\sin x - x}{x} \right| < 10\% \right)$$

或详细计算：

$$\mu_{\text{犁沟}} = \frac{A_{\mathrm{g}}}{A_{\mathrm{r}}} = \frac{\dfrac{2\arcsin\dfrac{d/2}{R}}{2\pi}\pi R^2 - \dfrac{d\sqrt{R^2 - (d/2)^2}}{2}}{\pi d^2/8}$$

$$= \frac{\arcsin\dfrac{d}{2R}R^2 - \dfrac{d\sqrt{R^2 - (d/2)^2}}{2}}{\pi d^2/8}$$

$$= \frac{\arcsin\left(\dfrac{1}{5}\right) \times 5^2 - \dfrac{2\sqrt{5^2 - (2/2)^2}}{2}}{\pi \times 2^2/8}$$

$$\approx 0.086$$

$$\mu_{\text{总}} = \mu_{\text{黏着}} + \mu_{\text{犁沟}}$$

$$\mu_{\text{黏着}} = 0.4 - 0.086 = 0.314$$

即黏着对摩擦系数的贡献为

$$\frac{\mu_{\text{黏着}}}{\mu_{\text{总}}} \times 100\% = \frac{0.314}{0.4} \times 100\% = 78.5\%$$

从这个例子也可看出，Bowden-Tabor 黏着理论通常忽略犁沟摩擦部分，这是合理的。只有当使用变形大的高分子材料时，犁沟部分才不可忽略。

注意：如何减小犁沟作用产生的摩擦？

- 减小变形，即减小无量纲贯穿深度，有助于减小犁沟作用。
- 硬材料组合，硬度差小于 10%，贯穿深度小。
- 低粗糙度，表面抛光，增大表面微凸体半径。
- 表面形貌设计，嵌藏磨粒。

2.3.3 黏着摩擦

接触面承受的法向载荷为

$$W = A_{\mathrm{r}}\sigma_{\mathrm{s}} \tag{2-29}$$

式中：A_{r} 为总的实际接触面积；σ_{s} 为摩擦副中较软材料的压缩屈服极限；W 为法向外载荷。

式（2-29）表明实际接触面积 A_{r} 与载荷 W 成正比。接触处的黏着和切向力 F 作用，相对滑动造成结点剪断，则黏着部分的阻力为

$$F_{\text{黏着}} = A_{\mathrm{r}}\tau_{\mathrm{b}}$$

犁沟变形部分的阻力为 F_p，则切向力为

$$F = A_r \tau_b + F_p \tag{2-30}$$

由于变形部分相对于黏着部分一般很小，可略去，则

$$F_a = A_r \tau_b \tag{2-31}$$

摩擦系数的表达式为

$$\mu_a = \frac{F}{W} = \frac{\tau_b}{\sigma_s} = \frac{\tau_b}{H} \tag{2-32}$$

式中：H 为较软材料的布氏硬度（Pa）；τ_b 为较软材料的剪切强度（Pa）。

式（2-31）忽略了在切向力作用下真实接触面积会增大的影响。对于未经加工硬化的金属来讲，界面的抗剪强度近似等于金属的临界抗剪应力。且对大多数金属来说，τ_b 约为其布氏硬度的 1/5，故理论上 $\mu = 0.2$。需要强调的是，这一数值只是干摩擦中洁净金属摩擦黏接分量的下限值，实际在空气中，$\mu > 0.5$，对于真正的洁净金属，借助于黏结点变大会造成摩擦系数高达 40～100。因此简单黏着理论需要改进。

在弹性接触和塑性接触两种条件下，$A_r \propto W$，则 $F_t \propto W$。这样就得到一个结论，摩擦力的大小与法向载荷成正比，与名义接触面积无关。这就说明古典摩擦第一、二定律的正确性。

摩擦是一个复杂过程，而且对接触表面的变形和黏着很敏感，随着周围环境的不同，即与两个滑动表面间相互作用的"第三体"不同，表面形貌、表面组成和表面性质也会发生变化。

式（2-32）只考虑理想的弹-塑性材料，略去了材料加工硬化的影响。考虑到实际情况，取摩擦副中较软材料的剪切强度 τ_b 来代替黏着结点的剪切强度，这样式（2-32）即由摩擦副中较软材料的剪切强度和压缩屈服强度决定。

注意： 如何减小黏着作用产生的摩擦？

- 采用非金属-非金属或非金属-金属摩擦副。
- 渗碳或渗氮。
- 配合面高硬度或硬度差系数介于 3～5，即大约一个硬度等级。
- 高粗糙度。
- 高强度氧化膜。
- 采用液体或固体润滑剂。
- 采用低剪切强度表面层。

2.3.4　金属的减摩性

若硬金属表面有一层软、薄的金属膜 In、Pb、Cu、Au、Ag 等，则摩擦系数为软金属的剪切强度与基体金属的硬度之比，即

$$\mu = \frac{\tau_b}{H}$$

这是滑动轴承衬材料减摩的原理，也是新型润滑剂研制的理论依据。

汽轮机、水轮机的滑动轴承表面通常要铸造一层巴氏合金，其厚度不超过 2 mm，越薄效果越好。实际使用要考虑耐磨等问题，软金属层较厚。从犁沟理论可知，金属层的厚度很大时，μ 也较大。结点的剪切强度和屈服强度取决于软金属。层的厚度很小时，μ 的值

取决于式(2-32)。剪切强度取决于软金属，接触面积和屈服点则取决于基体材料性能。继续减小厚度，则出现薄层穿透现象，μ 增大，层过薄，寿命不会太长。

汽车发动机的主轴瓦、连杆瓦都是薄壁减摩层的滑动轴承，为了达到较好的耐磨性和疲劳性，该减摩层一般厚度为数微米，比巴氏合金层要薄得多。

比较一下表面粗糙度作用下的黏着摩擦和犁沟摩擦可见，表面粗糙度增大，黏着作用将减弱，犁沟作用将增大，真实接触面积减小；表面粗糙度减小，黏着作用增强，犁沟作用减弱，真实接触面积增大，但不可能达到名义接触面积。摩擦和表面粗糙度的关系如图2-10所示。

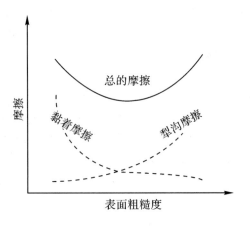

图 2-10　摩擦和表面粗糙度的关系[6]

2.4　摩擦热和热失效

相当一部分机械故障是由于热效应造成的，接触面温度升高，同时导致不可接受的摩擦和磨损的增加。

2.4.1　摩擦热失效的相关物理概念

1) 材料软化

材料性能与温度有关。温度升高，导致摩擦副配合面硬度降低。当温度高于 200℃时，45 号钢由于退火，硬度降低，到 600℃以后回到原始硬度。聚合物的硬度与温度的关系则更复杂，在其软化温度范围内其硬度随温升而降低。

2) 制动衰退失效

制动材料表面因摩擦高温而熔化产生薄层流体膜或软化膜，降低了摩擦系数，使制动失灵。

3) 热裂

高接触温度和大温度梯度是产生高的热机械应力的根源，最终可能导致热裂纹和磨损。F1 赛车的碳闸瓦温度可高达 1000℃。若过早达到此极端温度，闸瓦将在热机械应力作用下爆裂。

4) 瞬现温度(闪温)

Block 于 1937 年提出此概念，考虑微凸体峰间的摩擦热并定义了微凸体的瞬现温度(闪温)T_f。由于摩擦热仅产生于名义接触面中非常小的部分，即仅在微凸体接触顶端，瞬现温度可以容易地达到几百摄氏度。

$$\Delta T_f = 0.83 \frac{\mu p \mid V_1 - V_2 \mid}{(\sqrt{\rho_1 c_1 k_1 V_1} + \sqrt{\rho_2 c_2 k_2 V_2}) \sqrt{A_r}} \qquad (2-33)$$

式中：ρ 为材料的密度(kg/m³)；p 为法向线比压(Pa)；c 为材料的比热(J/(kg·K)；k 为

材料的热传导率(W/m · K)；A_r 为接触区面积(m²)；μ 为滑动摩擦系数。

　　5）名义接触温度

　　名义接触温度指在表面下一个非常小的距离处，温度分布将与本体温度相同，将此温度称为接触温度 T_n，即所产生的热在名义接触面均匀分布所达到的平均表面温度。

2.4.2　热计算

　　摩擦产生的能耗主要为摩擦副的温升。由于热量释放是连续过程，在接触界面将产生温度梯度，最高温度表现在热源微凸体的接触点上。从微凸体角度看，每一接触点都可作为一个独立的热源。

　　如图 2－11(a)所示，假设两接触圆盘发生无相对滑动的滚动。两个圆盘表面上的各点均通过接触区产生温升，然后离开接触区，热量散失，所以圆盘温升较小。

　　如果圆盘 1 固定，如图 2－11(b)所示，圆盘 2 旋转，为纯滑动状态。这时，圆盘 2 上的表面点在通过接触区时将承受较高的温度，有时称为闪现温度(闪温)，然后离开接触区，发生冷却。而圆盘 1 上的接触点从未离开接触区，摩擦升温，最终达到稳定的热平衡状态。圆盘 1 有固定接触区。圆盘 2 为动热源。下面来简化处理此问题[7]。

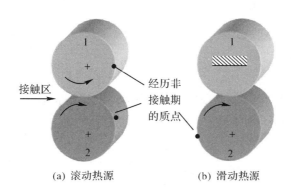

(a) 滚动热源　　　　　　　(b) 滑动热源

图 2－11　滚动热源与滑动热源

　　如图 2－12 所示，图中物体 1 的一个球状微凸体在法向载荷 p 下与物体 2 的表面发生接触，而假设物体 2 以恒速 v 滑动。若热源的作用半径为 a，接触面积一定，则在接触面积上产生的热量为

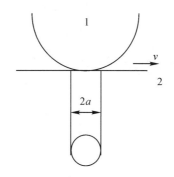

图 2－12　滑动摩擦副的摩擦生热

$$Q = \mu p v$$

式中，μ 为摩擦系数。

1）静热源

非运动摩擦面生热称为静热源，相应地，与运动速度有关的热源，称为动热源。在 Q 的作用下，表面上的平均温升 ΔT 为

$$\Delta T = \frac{Q}{4a\alpha} \tag{2-34}$$

式中，α 为物体的热导率。如果物体上离热源很远的其他点的温度为环境温度 T_a，则式 (2-34)将表示物体的平均表面温度 T_s，即

$$T_s = \frac{Q}{4a\alpha} + T_a \tag{2-35}$$

上述结论适用于低速热源，即低速时，每个接触点都有足够的时间使温度分布与静热源引起的温度分布相同。对于高速热源，式(2-35)就不适用了。可用参数 ξ 判断热源是低速热源还是高速热源。

$$\xi = \frac{a\rho c}{2\alpha} v \tag{2-36}$$

式中：ρ 为密度；c 为物体的比热。

当 $\xi > 5$ 时，为高速热源。

2）动热源

当热源以速度 v 滑动时，忽略横向热流的影响，只考虑接触面法向上的热流动。若单位面积上的供热率恒为 q，则接触面上一点的平均温升为

$$\Delta T = \frac{2qt^{1/2}}{(\pi\alpha\rho c)^{1/2}} \tag{2-37}$$

式中，t 为摩擦时间。

若摩擦面为半径为 a 的圆，则令 $q = \dfrac{Q}{\pi a^2}$，并考虑此面积内的有效 t 值，则可求得平均表面温度。接触面上任意点(x, y)的通过接触时间为

$$t = \frac{2x}{v} = \frac{2}{v}(a^2 - y^2)^{1/2} \tag{2-38}$$

因此平均有效时间为

$$t = \frac{1}{2a} \int_0^a \frac{2}{v} (a^2 - y^2)^{1/2} \mathrm{d}y = \frac{a\pi}{4v} \tag{2-39}$$

故动热源温升为

$$\Delta T_m = \frac{0.318Q}{a\,(a\alpha\rho c v)^{1/2}} \tag{2-40}$$

为简化起见，定义 ΔT^* 为

$$\Delta T^* = \frac{\rho c v}{\pi q} \Delta T \tag{2-41}$$

对于静热源，将式(2-34)代入式(2-41)得

$$\Delta T_{\mathrm{s}}^{*} = \frac{a\rho c\upsilon}{4\alpha} = 0.5\xi \tag{2-42}$$

对于动热源,将式(2-40)代入式(2-41)得

$$\Delta T_{\mathrm{m}}^{*} = \frac{0.318\,(2a\rho c\upsilon)^{1/2}}{(2\alpha)^{1/2}} = 0.438\xi^{1/2} \tag{2-43}$$

式中,ξ 由式(2-36)确定。从式(2-42)和式(2-43)可见,当 ξ 值很小或速度很低时,静热源和动热源在接触面上产生的温度相同,而当 ξ 值较大时,静热源产生的温度更高。

因摩擦副材料的导热系数不同,进入摩擦配副间的热量也不同。滑动时,流入物体 1 的为 λQ,而剩余的 $(1-\lambda)Q$ 将流入物体 2。其表面温度可以应用按静热源和动热源得出的结果来计算。因此,由式(2-34)和式(2-40)可得,物体 1 和物体 2 的表面温升为

$$\Delta T_1 = \frac{\lambda \mu p \upsilon}{4 a_1 \alpha_1} \tag{2-44}$$

$$\Delta T_2 = \frac{0.318(1-\lambda)}{\alpha_2}\left(\frac{\upsilon}{a_2 \alpha_2 \rho_2 c_2}\right)^{1/2} \tag{2-45}$$

λ 值将取决于接触区的传热特性,但简单地可表达成摩擦副的热扩散率之比,即

$$\frac{\lambda}{1-\lambda} = \frac{\dfrac{\alpha_1}{\rho_1 c_1}}{\dfrac{\alpha_2}{\rho_2 c_2}} \tag{2-46}$$

由此,可用式(2-44)和式(2-45)确定两个接触体的表面温度。

2.5　滚 动 摩 擦

滚动摩擦副在工程技术中与滑动摩擦副一样被大量采用。这一原理早在史前古埃及金字塔的建造中已有使用。随着车轮的发明,人们已朴素地理解到滚动摩擦能减少阻力,与滑动摩擦有着本质的区别。滑动过程中界面间的犁沟和黏结点的剪切,在纯滚动摩擦中是不存在的。滚动摩擦系数为什么小?产生滚动摩擦的原因是什么?实验表明,润滑剂可以大大减少滑动摩擦系数,但对滚动摩擦系数影响却很小。因此,滚动摩擦阻力产生的原因不是由于接触面间的黏着剪切,也不是"犁削"作用。因此滑动的微观模型不再能用来解释因为滚动而产生的阻力。

2.5.1　滚动摩擦系数

滚动摩擦不仅动摩擦系数小,静摩擦系数也小。一般情况下,滚动摩擦系数比滑动摩擦系数小很多。因此,用滚动代替滑动可以节省大量的能量。如将火车轮轴的滑动轴承改为滚动轴承,单位基本运动阻力可减少 $11\%\sim22\%$,启动阻力可减少 $75\%\sim80\%$。滚动摩擦系数(the rolling resistance coefficient or coefficient of rolling friction,CRF)通常用 μ_{r} 来表示。

1. 无量纲滚动摩擦系数

无量纲滚动摩擦系数定义为:驱动力 F 做的功 A 与法向载荷 W 和滚轮中心位移 Δl 之

比，即

$$\mu = \frac{A}{W\Delta l} = \frac{Fr\Delta\varphi}{Wr\Delta\varphi} = \frac{F}{W} \tag{2-47}$$

滚动摩擦系数较小，甚至可达 10^{-4} 数量级。

2. 有量纲滚动摩擦系数

18 世纪初，当库仑首先阐明古典滑动摩擦定理后不久，就开始了对滚动摩擦机理的探索，即在理论力学中常见的发表于 1785 年的滚动摩擦定理，导出了有量纲的滚动摩擦系数。这一定理可简述为当一刚性圆柱或球半径为 R，在一非刚体的平面上受法向力 N 和切向力 F 的作用而滚动时（见图 2-13 和图 2-14），引起平面在滚动前方的变形而使反力转移，此反力分解成 F'。

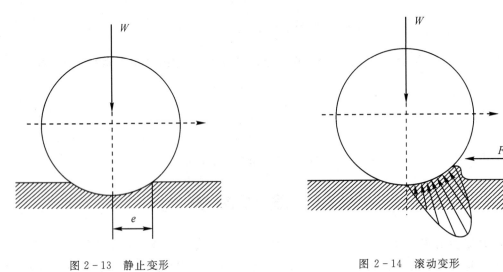

图 2-13　静止变形　　　　　　　　　图 2-14　滚动变形

有量纲滚动摩擦系数定义为：滚动摩擦力矩 M 与滚动体承受的法向载荷 W 的比值。滚动摩擦力矩则等于滚动摩擦力 F 与滚动体半径 r 的乘积，称为古典滚动摩擦定理，即

$$\mu = \frac{Fr}{W} = e \ (\text{cm}) \tag{2-48}$$

由式（2-48）可知，滚动摩擦系数 μ_r 是有量纲的，而滑动摩擦系数则没有。这一古典滚动摩擦的局限性包括：

（1）按理论力学对滚动的定义，当点或线接触的两物体滚动时其接触点为瞬心，因而相对速度为零。一旦发生变形，接触点或线已成平面或曲面，则不属于滚动。

（2）这一模型没有把物体的机械性质和接触性质的影响考虑进去。

实际上古典滚动摩擦定理犯了与古典滑动摩擦定理同样的毛病，即仅从力学的学科范围内去研究问题，其结论是局限的。由于滚动摩擦的复杂性，有些摩擦学著作并不进行深入的讨论。

部分滚动轴承的摩擦系数见表 2-3。

表 2 − 3　部分滚动轴承的摩擦系数[8]

μ_r	轴承类型
0.0015 ～ 0.003	深沟球轴承
0.0010 ～ 0.003	调心轴承
0.0015 ～ 0.002	单列角接触球轴承
0.0024 ～ 0.003	双列角接触球轴承
0.0010 ～ 0.003	圆柱滚子轴承
0.0020	滚针轴承
0.0020 ～ 0.003	调心滚子轴承
0.0020 ～ 0.005	圆锥滚子轴承
0.0012	推力球轴承
0.003	推力调心滚子轴承
0.004	推力圆柱滚子轴承
0.004	推力滚针轴承

2.5.2　滚动摩擦的分类

滚动摩擦可以传递很大的切向力，如火车头的驱动轮，也可传递很小的切向力，即所谓的自由滚动(free rolling)。在这种情况下，没有严密的滚动轨迹。

1. 纯滚动或自由滚动[9]

纯滚动或自由滚动是最基本的滚动形式，这种滚动可能最接近于一个圆柱或一个球在一个平面上无约束地作直线滚动的情况。运动过程不传递切向力或传递很小的切向力，如支撑轮。其特点是：

(1) 在接触点(线)处无滑动；

(2) 只有在接触点(线)处的法向接近、分离。

滚动过程是一个复杂的过程，滑动过程中的接触力学、接触物理学和接触化学在滚动的情况是完全适用的。滚动过程有其特有的运动学和表面应力状态，保证了犁沟现象在滚动中是不会遇到的。

2. 有表面牵引力的滚动

这种情况表现于从动轮或制动轮上。这时在车轮和轨道之间的接触区产生了法向力和很大的切向牵引力，如火车头驱动轮、汽车驱动轮。

3. 由系统几何形状造成的接触区内有滑动区的滚动

滚动摩擦现象很复杂，影响因素很多，但主要与接触的变形有关。滚动体理论上是点接触(或线接触)。实际上，由于在载荷作用下接触点的变形，成为面接触。接触区尺寸与

接触物体的几何形状、材料机械性能以及载荷大小等有关。圆柱与平面接触，接触区为矩形；圆球与平面接触，接触区为圆形；圆球与弧形槽接触（如滚动轴承中的滚珠与滚道），接触区为椭圆形。

现代对滚动摩擦的研究认为，摩擦产生的原因为：在弹性范围内，主要是弹性滞后损失和微观滑移损失；在塑性范围滚动，则主要是材料塑性变形所消耗的能量。

2.5.3 滚动摩擦机理

从现代摩擦学理论来分析滚动摩擦。当点或线接触的两物体在法向力及转矩作用下产生相对运动趋势或相对运动时，其表面间的阻碍作用就是滚动摩擦。当球、圆柱、回转体或其他曲面体与另一曲面体相接触（包括内接触与外接触）或与平面相接触时，这种接触理论上属点线接触，在法向载荷作用下，则接触点线立即由于变形（弹变或塑变）而构成一微小的平面（即圆、矩形、椭圆等）。在弹性变形范围内，这一面积和接触区的压力可由赫兹（Hertz）公式计算。

若在一个滚动体上施加扭矩使其滚动，则在赫兹接触区内，除了赫兹接触正应力外，还有切向力存在。因此，这就使接触面积分为微观滑动区（Region of microsliding）和黏着区（Region of adhesion）。在黏着区内，表面只有滚动而没有相对滑动。

滚动摩擦阻力主要由四部分组成：

（1）微观滑动（Micro-slip）；

（2）弹性滞后（Elastic hysteresis）；

（3）塑性变形（Plastic deformation）；

（4）黏着效应（Adhesion effects）。

1. 微观滑动

由材料性能或变形、速度等引起的不协调滑动（Inconsistent sliding）称为微观滑动。

1）Reynolds 滑动

滑动是指弹性常数不同的两个物体发生赫兹接触并自由滚动，作用在每一个物体界面上的压力相同，但两表面上引起切向位移不相等，而导致界面滑移的过程。

如图 2-15 所示，当两个物体赫兹接触时，由于弹性常数不同，在自由滚动时压力在各个物体上引起的表面切向位移不等，导致界面间有相对微观滑移存在。Reynolds 用直径上

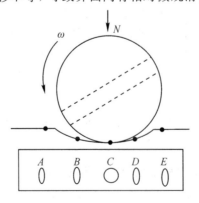

图 2-15 Reynolds 滑移示意图

有贯穿孔的钢圆柱体在弹性表面(如橡胶)上滚动来研究这种情况。加上载荷后圆柱体在橡皮中压入一条沟槽。显然,压缩引起的变形在 C 处比 B、D 处要大。在滚动过程中,A、B 表面伸长得多少也不同。B 处表面变形大,即伸长得多;而 A 处表面变形小,即伸长得少,则 A 和 B 的界面由于伸长的差异而发生滑动。

2) Heathcote 滑动

球在共形的槽中滚动,由于球在接触线上各点到旋转轴线的距离相差很大,各点的线速度也相差较大,从而在切向牵引力作用下产生微观滑动。

设想在一个导槽内滚动的球(见图 2-16(a)),其接触区域不在一个平面内,接触面积为椭圆形,且接触区域在垂直于滚动方向的平面内具有曲率。实际的例子如滚动轴承的滚子和其内外圈之间的弹性接触,真实接触面积为一个小的椭圆面积(见图 2-16(b))。从图 2-17 可见,瞬时转动中心并不是球心 O 点,而是沿 AA 轴线进行。球每转一圈,由于接触区内各点到瞬时中心线的距离不同,所以各点的线速度不同,于是在接触区域内引起切向牵引力并导致微观滑移。存在 3 个滑移区,一个向后滑移的中心区和两个向前滑移的外缘区。接触区中央部分的滑移方向与滚动方向相反,两侧部分的滑移方向与滚动方向相同。

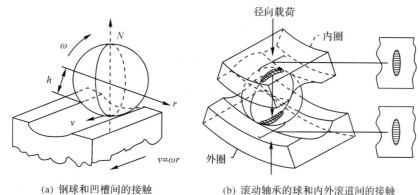

(a) 钢球和凹槽间的接触　　　(b) 滚动轴承的球和内外滚道间的接触

图 2-16　球和滚道间的接触[10]

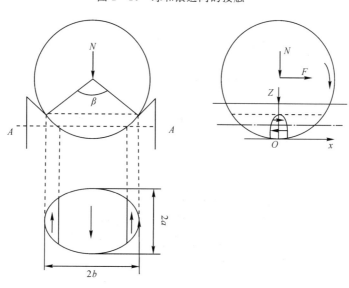

图 2-17　Heathcote 滑动示意图

这种滑移是由球和沟槽结构特点引起的，当球和槽的几何形状贴合较好时，即 β 角大时，接触区的滑移显著，对摩擦的影响较大。

根据 Tabor 对钢球在槽型橡胶沟道上的试验，当球的半径 r_B 与滚道的半径 r_C 比值大于 0.8 时，Heathcote 滑移所造成的摩擦损失较大。而在 $r_B/r_C = 0.5 \sim 0.6$ 的范围，摩擦损失达到最小值。继续减小此值后，由于接触压力增大，会使摩擦阻力增加。

3) Mindlin 滑动

Mindlin(1949 年)曾研究了在附加的切向力的作用下，两球体相接触的情况，如图 2-18所示。在接触面上存在两个区域：内圆和外环。在内圆区域上，没有接触表面点的相对位移称为黏着区；在外环区域上，摩擦足以引起滑动称为滑动区，是切向力引起的。作用于接触面上的切向力 P_T 与外力平衡，且其等值线是一系列同心圆，P_T 从接触面的中心处的半径值上升到边缘处的无穷大值，显然 P_T 使一个球相对于另一个球有滑动趋势，而接触面上的摩擦力 P_T 却是阻碍两种材料发生相对滑动的因素，因此，在 $F_T < P_T$ 的区域中（图中的阴影部分）有可能发生相对滑动。

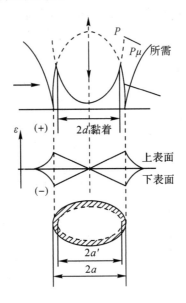

图 2-18　Mindlin 滑动

4) Caster-Parisky-Föppel 滑动

二维条件下有切向牵引力时，如两圆柱体滚压接触体因曲率不同造成 Cater-Poritsky-Föppel 微滑动，引起的最大滚动阻力为

$$\mu_r = \frac{M_y}{PR} \approx 0.08 \left(\frac{a}{R} \right)^2 \tag{2-49}$$

从图 2-19 中可以看到，在相对滚动的过程中，滚动时黏着区靠近接触面积的前沿。关于态的两球间的接触，其无滑移区位于接触区域的中心处。

两圆柱在滚动中，其切向力通过接触区传递。滚动方向有切向力存在，便有微观滑动存在。微观滑动只占摩擦力的很小一部分，另一部分中没有相对滑动。这就是滚动接触能够传递机械功的原因。

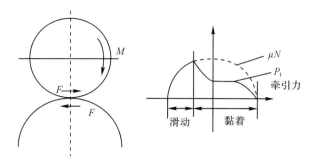

图 2-19　Cater-Poritsky-Föppel 微滑区域

由于接触区摩擦力的作用，两物体接触处的切向力的方向必相反。这使主动轮 1 的表层进入接触区时受到压缩，而在离开接触区中点后受到拉伸。相反，从动轮 2 的表层在进入接触区时受到拉伸，而在过接触区中点后受到压缩，如图 2-20 所示。这样两轮的表层产生不同情况的弹性变形，因此引起相对滑移。在接触区的两侧，两圆柱体表面对弹性变形相差较大，相对滑移显著，为微观滑动区；在接触区的中间部分，切向弹性变形一致，接触面之间不产生滑移，为非滑移区，又称黏着区。假设其长方形 Hertz 接触宽度为 b，黏接区宽度为 b'，则

$$b' = b\left(1 - \frac{T}{\mu W}\right)^{1/2} \tag{2-50}$$

式中：μ 为两表面间的静摩擦系数；T 为接触面间传递的切向力；W 为法向载荷。

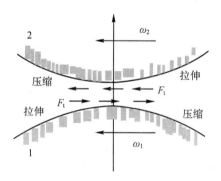

图 2-20　滚动圆柱的接触变形示意图

若切向力 $T=0$，则 $b'=b$，即整个接触区均为黏着区；若 $T=\mu W$（静摩擦力），$b'=0$，即整个接触区均为滑移区，就是接触区宏观滑动或打滑。因此，存在黏着区（非滑移区）是滚动运动可传递机械功的原因。只要有滑动，所产生的摩擦就会远远大于滚动摩擦，即使润滑也难以减小到滚动摩擦的程度。

在滚动过程中，接触区域内的微观滑动是由于两种材料的应变差和接触面内的应力分布的特殊性而引起的，所以由微观滑动而引起的滚动摩擦系数，不会因润滑剂的存在而减小。不能因为这种微观滑移把滚动摩擦归于滑动摩擦。微观滑移对滚动摩擦系数只有很小的影响。在微观滑动时，摩擦的产生机理可按滑动摩擦解释。

滚动轴承润滑的原因为，供应的润滑油或润滑脂将会减少腐蚀物质或污染物进入轴承内部。对于滚动体只滚不滑的情况，例如圆柱滚子轴承，不需要润滑，在这种场合如果进

行润滑，将会增大而不是减小摩擦[11]。

滚动轴承正常工作时，除了发生滚动摩擦外，还伴有滑动摩擦。发生滑动摩擦的主要部位是滚动体与滚道间的接触面、滚动体和保持架兜孔间的接触面、保持架和套圈引导挡边之间以及滚子端面与套圈引导挡边之间等。滚动轴承中滑动摩擦的存在不可避免地使轴承零件产生磨损。如果轴承钢的耐磨性差，滚动轴承便会磨损而过早地丧失精度或因旋转精度下降而使轴承震动增加、寿命降低。因此轴承钢应有较高的耐磨性。滚动轴承功能及材料特性见表2-4。

表 2-4　滚动轴承功能及材料特性[12]

轴承功能	性能要求	材料特性
支承高载荷	抗变形	高硬度
高速旋转	低摩擦、低磨损	抗磨性好
旋转性能高	旋转精度高	—
工作温度区间宽	尺寸精度高、尺寸稳定性好	组织结构不变
长时间使用	韧性好	疲劳强度高
高可靠性	不出现灾难性失效	断裂韧性好

滚动的弹性体之间的界面上因摩擦力将导致接触区分成微观滑移区及无相对运动的滚动区。

2. 弹性滞后

假定球在外力F_N的作用下在平面上滚动，这样平面会产生一定量的弹性变形，接触表面承受压缩和扭转的联合作用，接触时因产生弹性变形要消耗能量，待到脱离接触时才能释放出弹性变形能。接触完成后，弹性变形大部分得到恢复，但是由于阻尼（Damping）和松弛（Relaxation）效应，释放的能量可能比原先作用的弹性变形能要小，两者之差就是滚动摩擦损失。黏弹性材料的弹性滞后比金属大，摩擦损失也比金属大。

实验发现，对黏弹性材料而言，滚动摩擦系数与材料的松弛时间（松弛频谱）有关。在低速滚动时，接触区域后沿的材料的弹性变形将迅速恢复，快到足以保持接触面上对称的压力分布，因而滚动阻力很小；在高速滚动时，材料的弹性变形将没有足够的恢复时间，甚至不能使后沿保持接触，这时滚动阻力很大。

当材料受力变形时，在弹性范围内，如果将应变量放大，发现加载线和卸载线不重合，加载线高于卸载线，即加载时用于材料变形消耗的能量大于卸载时材料放出的能量，有一部分能量被材料吸收，这种现象称为弹性滞后。接触区的材料变形是一个十分复杂的过程，其弹性滞后损失系数大约是均匀应变条件下（如简单加载-卸载循环）的3倍。加载线和卸载线围成的封闭线，称为弹性滞后回线。弹性滞后回线所包围的面积表示材料在一次应力循环中以不可逆方式吸收的能量（见图2-21）。如果一个钢球在橡胶平面上滚动（见图2-22），当钢球向前滚动时，使其前面的材料（橡胶）产生变形，并对其做功。球滚过以后，橡胶会恢复弹性，因而对钢球的后部做功，推动钢球向前滚动。如果在钢球的后部回收的能量与在钢球前部消耗的能量一样多，那么使钢球滚动所需的净功等于零。但是材料不是理想的弹性体,橡胶在变形和松弛过程中,材料分子相互摩擦总要损耗一些能量。所以,有时把弹性滞后称为"内摩擦"。常用百分率来表示滞后损失的大小。对于弹性很好的橡胶,滞后损耗约为百分之几;对于硬化钢质球轴承、滚珠与滚道只发生弹性变形时,滞后损耗非常小,不到 0.5%,因此滚动阻力很小(一般 μ_r 为 0.001)。

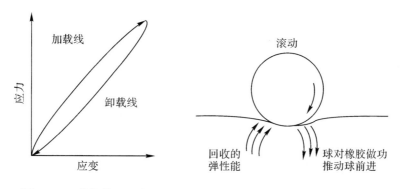

图 2-21　弹性滞后回线　　　　　图 2-22　球在橡胶上的滚动

根据分析,圆柱在平面上弹性滚动时,摩擦力 F 可用下式表示:

$$F = \varepsilon \frac{2Wa}{3\pi R} = \frac{4\varepsilon}{3} \left(\frac{W}{\pi l}\right)^{3/2} \left[\frac{1}{R}\left(\frac{1-\upsilon}{E^*}\right)^2\right]^{1/2} \tag{2-51}$$

式中:ε 为弹性滞后损失系数;W 为法向载荷;a 为接触区宽度的一半;R 为圆柱的半径;E 为弹性模量;υ 为泊松比。

F 与 W 的比值(F/W)定义为滚动阻力系数。可以看出滚动摩擦阻力与弹性滞后系数、载荷、接触区宽度、滚动体直径有关。

另外,摩擦力 F 还与滚动速度、表面粗糙度等有关。在低速下,接触区后部的材料有充分的时间恢复变形,接触区的压力基本上是对称分布的,摩擦较小。相反在高速时,摩擦较大[13]。

当速度高至某一值时,滚动轴承的相对摩擦损失明显上升,且大于滑动轴承(见图 2-23)。这是实际生产中高速轴承多选用滑动轴承的原因之一。

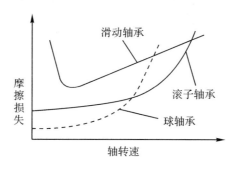

图 2-23　轴承的相对摩擦损失与速度的关系

在接触区内只发生弹性变形的情况下,弹性滞后损失是滚动阻力的主要来源,这一点在 PTFE 上的滚动试验中得到肯定。然而,作为一种黏弹性材料,其弹性滞后损耗比许多金属要大得多。在滚动摩擦时,它属于"摩擦"材料。

3. 塑性变形

当承受载荷的钢球在金属表面上滚动时,若接触压力超过一定数值,将首先在表面层下的一定深度上产生材料的塑性屈服。随载荷的增大,塑性变形逐渐扩展到表面。塑性变形消耗的能量构成了滚动摩擦的损耗。在反复循环滚动摩擦接触时,由于加工硬化等,会产生相当复杂的塑性变形过程。

圆柱体在自由滚动过程中如果 $\sigma_H \approx 3P_Y$,便产生屈服。σ_H 为接触区最大的赫兹应力,P_Y 为材料的屈服应力。经深冷淬火后材料的硬度(HRC)和压缩强度显著提高,所能承受的最大赫兹应力也增大。轴承钢性能对比见表 2-5。

表 2-5　轴承钢性能对比[14]

钢号	硬度/HRC	压缩强度/MPa	最大应力/MPa(5%应变时的流动应力)
52100	60～66	2890	3620
440C	58～65	2265	3153
REX20	66～68	3445	4103
CRU80	61～63	2319	3113

使金属产生塑性变形的力几乎等于所测得的滚动摩擦力,从而说明塑性变形是滚动摩擦阻力的最主要原因。随着接触压力的增大,将会导致材料全面屈服,塑性变形消耗的能量构成了滚动摩擦损失。

硬钢球在铅和铜之类的软金属上滚动时,钢球使其附近和前面的金属发生塑性变形,从而在金属表面上产生一条永久的沟槽(见图 2-24)。试验证明,使金属发生变形所需的力几乎正好等于所测得的滚动摩擦力。若继续在此滚动,沟槽的宽度逐渐增大,而滚动的阻力相应下降,直到稳定为止,此时槽的宽度不再变化,即不再发生塑性变形,达到平衡状态。

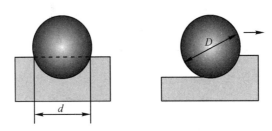

图 2-24　钢球在软平面上滚动

假定滚动时,球(半径为 D)只是由前半部支承着,它的投影面积为 A,则

$$A_1 = \frac{\pi d^2}{8}$$

式中,d 为滚道的宽度。

与滚动方向垂直的截面面积为

$$A_2 = \frac{d^3}{12D}$$

如接触区内平均屈服压力应为 P_Y,则

法向载荷:

$$W = P_Y A_1 = \frac{P_Y \pi d^2}{8}$$

$$d = \left(\frac{8W}{\pi P_Y}\right)^{1/2} \tag{2-52}$$

切向力:

$$F = P_Y A_2 = \frac{P_Y d^3}{12D} = \frac{P_Y \left(\frac{8W}{\pi P_Y}\right)^{3/2}}{12D} \tag{2-53}$$

$$F = \frac{0.34}{P_Y^{1/2}} \times \frac{W^{3/2}}{D} \tag{2-54}$$

式(2-54)适用于球的运动前方材料塑性变形所造成的情况,并且适用于单晶金属材料的滚动摩擦中。P_Y 值与材料的布氏硬度值相近。由式(2-54)可见,滚动摩擦力与 $W^{3/2}$ 正比,与滚动体直径 D 成反比,与材料硬度的 1/2 次方成反比。如果接触面积越大或弹性变形越大,则滚动摩擦阻力也越大。另外,若滚子半径越大,则滚动阻力越小。因此在设计有滚动摩擦的机械时,要想减小滚动摩擦阻力,必须设法减小接触处的接触面积或弹性变形,应选硬度高、弹性滞后损失小的材料,使用应力不应超过材料的弹性极限,并且要尽可能采用较大的滚子半径。

在重复滚动接触下,上述推理并不适用。因为在第一次接触时,材料表面产生塑性的压缩变形,导致材料内部的缺陷增多,引起材料加工硬化,同时与表面平行的方向有残余应力存在。在随后的接触过程中,材料承受压应力和残余应力的联合作用。这种应力状态不断重复后,滚动接触应力超过材料的第一屈服点时,反复的滚压会增大表面的残余应力,就会达到一种稳定的状态。这种过程称为安定(Shakedown)过程,此时材料变为完全弹性。达到最大值时的预负荷,称为极限预负荷,其值为 $4P_Y$。此时应力达到了不再产生塑性变形的最大应力。如果滚动的圆柱体所承受的应力超过此极限,则形成一种新型的塑性变形,表面产生剪切,摩擦机理完全改变。

如果接触应力超过第二临界值(该临界值高于第一屈服点),那么每次应力循环都将产生塑性变形。弹性球在弹塑性半空间上作纯滚动时,最大安定压力与第一屈服压力之比约为 2.2[15]。弹性滞后的能量耗散是因为材料自身黏弹性所致,具体表现在接触区应力分布不对称,从而产生一个与滚动方向相反的阻力矩。

虽然在滚动运动时,接触界面间黏着和滑移对摩擦力影响甚微,但仍有少量的材料转移发生。这时表面磨损将起重要作用。

4. 黏着效应

滚动接触黏着效应与滑动黏着摩擦不同,滚动表面相互紧压形成的黏着结点在滚动中将沿垂直接触面的方向分离,没有产生结点面积扩大的现象,所以黏着力很小,通常由黏着效应引起的阻力只占滚动摩擦阻力的很小部分。

当两接触表面滚动时,其相对运动是法向运动,而不是滑动时的切向运动,所以当两接触表面发生黏着时,将在滚动接触的后沿部分分离,垂直于界面。这种后沿部分分离是拉断而不是剪断,没有黏结点的增大现象。而滑动摩擦所产生的黏结在分开时,是切于界面的方向，因此有结点增大现象。这是滚动摩擦小于滑动摩擦的原因之一。

滚动摩擦时，黏结点处的表面污染膜粉碎（Dispersal），黏结点处没有滑动，粉碎后的接触面积不是实际接触面积的主要部分。而滑动摩擦时，因为有切向力存在，黏结点上的接触面积是实际接触面积。因此，滚动摩擦的黏结点在分开时，还有污染膜存在，这是滚动摩擦小于滑动摩擦的另一个原因。

黏着力主要属于范德华力类型，像强金属键这类短程力只作用在接触区的微观触点上。形成黏结点后，不是受剪切力切开，而是受拉力拉开。黏着力使得滚动接触区末端以拉伸形式分离。当界面有润滑时，润滑对纯滚动摩擦的影响很小，一般地，滚动摩擦的黏着分量很小，只占全部滚动摩擦阻力的一小部分。摩擦阻力主要来自变形损失。

综上所述，滚动摩擦是一个十分复杂的过程。上述各种机理是在不同的摩擦副和不同的工况条件下确定的。在某种特殊的条件下，某一机理占主要地位。在一般情况下，可能几种机理同时对滚动摩擦有贡献，需要同时考虑。

注意：纯滚动（例如两个相同的平行圆柱体在接触时滚动）所造成的磨损很小。然而，在大多数实际情况下（例如在球轴承、齿轮、轮轨中），界面上具有一定的滑动，其滑滚比一般为百分之几。这种滑动所产生的磨损系数与一般滑动产生的磨损系数相比更低。

2.6 机械系统中的摩擦现象

1. 跃动现象

干摩擦运动并非连续平稳的滑动，而是一物体相对另一物体作断续运动，称为跃动现象（见图 2-25）。当摩擦表面为弹性固定时，跃动现象更为显著。跃动现象是干摩擦状态区别于良好润滑状态的特征。工程上常将跃动现象称为爬行。

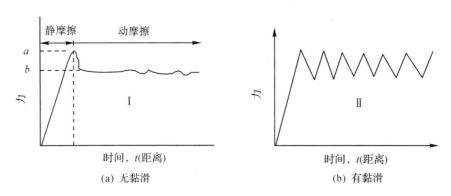

图 2-25 摩擦力随时间波动

在摩擦过渡过程中，即摩擦行为由一种状态向另一种状态的过渡是经常发生的。在传递载荷的机构中有不少摩擦副在运动中存在着速度周期变化的摩擦过渡现象，例如一对渐开线齿轮每次在节点处啮合时，其滑动速度的大小及方向都发生变化。在摩擦过渡附近出现摩擦力的超高峰值，可用于解释渐开线齿轮在节点附近经常出现点蚀现象。

当往复运动机构（如内燃机的缸套-活塞环、机床的刀架与导轨）处于较高速运转的情况下，摩擦副尚能够保持在流体动力油膜的润滑状态下，但运行速度逐渐降低时，摩擦副的润滑状态就会过渡到边界润滑状态，甚至导致摩擦副从良好的润滑状态走向润滑失效。
这一变化影响油膜厚度、摩擦力的方向及大小，出现摩擦力的最大值。摩擦系数大幅度增
加，出现了振动和噪声。若长时期后就会造成摩擦面的严重磨损，甚至产生擦伤及胶合。
往复运动副的另一个显著的摩擦过渡现象是在前后回程点处（如发动机的活塞环运行在缸
套的上、下止点处），这时运动速度及摩擦力方向都突然发生改变，易引起较严重的磨损。

此外如闭合摩擦离合器时的颤动、车辆在制动过程中的尖叫、刀具切削金属时的振动，
以及滑动导轨在缓慢移动时的爬行现象等都与摩擦跃动有关。

此现象仅通过降低表面粗糙度，提高表面硬度是避免不了的，但可向油中加入抗黏滑
添加剂克服低速爬行及严重磨损。

注意：黏滑（爬行）的防止措施：

- 采用阻尼；
- 高刚度；
- 正斜率 $\mathrm{d}\mu/\mathrm{d}v > 0$；
- 滚动接触；
- 弹性连接；
- 采用合适的润滑剂；
- 合适的表面织构，表面硬度的配合；
- 能耐应力、环境条件作用的复合塑料。

2. 预位移

施加外力使静止的物体开始宏观滑动的过程中，当切向力小于最大静摩擦力时，物体
产生一极小的预位移而达到新的静止位置。预位移的大小随切向力而增大，呈线性关系。
物体开始作稳定滑动时的最大预位移称为极限位移，对应极限位移的切向力就是最大静摩
擦力。

预位移为弹性位移，即切向力消除后物体沿反方向移动，试图回复到原来位置，但保
留一定残余位移量，切向力越大，残余位移量也越大。预位移问题对于机械零件设计十分
重要。过盈配合和铆钉等连接零件是在预位移状态工作的，各种摩擦传动以及车轮与轨道
之间的牵引力都是基于相互接触压紧表面在产生预位移条件下的摩擦力作用。预位移状态
下的摩擦力对于制动装置以及用于包装、印刷、纺织、机床等机械上连接的胀紧套的可靠
性也具有重要意义。

风力发电机的增速器输入轴和大行星架之间采用过盈连接，依靠摩擦传递力矩。在过
盈连接摩擦系数的选取上，国内外就存在很大的差异。德国标准采用 0.2 作为摩擦系数。
国内的推荐取值范围是 0.12～0.2，这样一个变化的取值范围，经常导致输入轴与大行星架
之间过盈连接的尺寸与工艺发生变化。国内由于制造工艺和材料处理等方面的差别，若选
用 0.2 的摩擦系数作为计算依据，就有可能使设计过盈量偏小，在实际的运行过程中发生
失效[16]。

思 考 练 习 题

2.1　（1）若有一表面与另一刚性平表面接触，其塑性指数为 1.02，试指出其接触的

性质：

(2) 若(1)题的表面硬度提高 0.5 倍，试分析其接触性质有无变化，为什么？

(3) 若将(1)题的表面轮廓标准差 R_q 减小为原来的 1/4，试分析其接触性质有无变化，为什么？

2.2 能否利用塑性指数人为构造表面，改善接触品质？

2.3 简述塑性指数的物理意义及其在摩擦学设计中的应用。

2.4 滑动接触的材料副的摩擦系数为 0.02、0.1、0.2、0.5，将合适的值填入表2-6中。

表 2-6 题 2.4 表

材料副	摩擦系数
钢/钢	
钢/石墨	
铝/石墨	
钢/黄铜	
钢/黄铜(有厚润滑膜)	

2.5 解释金属基体上金属膜怎样影响金属间的摩擦。

2.6 说明表 2-7 材料的滑动摩擦系数的差别。

表 2-7 题 2.6 表

材料	空气中	真空中 (去除表面膜后)
钨/镍	0.3	0.6
镍/镍	0.6	4.6
铜/铜	0.5	4.5

2.7 为什么不能用润滑的方法减少滚动摩擦接触区中微观滑移造成的摩擦？

参 考 文 献

[1] Hutchings IM. Tribology: friction and wear of engineering materials[M]. Butterworth - Heinemann, 2003

[2] 铁摩辛柯 S P，古地尔 J N. 弹性理论[M]. 徐芝纶，译. 北京：高等教育出版社，2013.

[3] Greenwood, J.A. , J.B.P. Williamson. The contact of nominally flat rough surfaces [J]. Proc. R. Soc. Lond A, 1966. 295：300 - 319.

[4] Brake M R. An analytical elastic-perfectly plastic contact model[J]. International Journal of Solids and Structures, 2012, 49(22)：3129 - 3141.

[5] Tabor D. Friction. lubrication and wear[J]. Surface and Colloid Science, 1972：245 - 312.

[6] Grueebler R, Sprenger H, Reissner J. Tribological system modelling and simulation in metal forming processes[J]. Journal of Materials Processing Technology, 2000：80

－86.

［7］ （英）霍林（J.Halling）. 摩擦学原理［M］. 上海交通大学摩擦学研究室译. 北京：机械工业出版社，1981.

［8］ 中国轴承工业协会. 滚动轴承基础知识［M］. 北京：机械工业出版社，2006.

［9］ Halling，J，Pinciple of tribology［M］. Palgrave MacMillan，1978.

［10］ Hamrock BJ，Anderson A J. Rollling-element bearings［C］. NASA reference publication 1105，1983.

［11］ 巴威尔 F T. 轴承系统：理论和实践［M］. 北京：机械工业出版社，1983.

［12］ 李兴林，滚动轴承材料进步及延寿技术［J］，轴承，1995，11：2－9.

［13］ 籍国宝，陈光中，姚茂连. 摩擦磨损原理［M］. 北京：北京农业机械学院，1984.

［14］ Ortiz D，Abdelshehid M，Dalton R，et al. Effect of Cold Work on the Tensile Properties of 6061 2024 and 7075 Al Alloys［J］. Journal of Materials Engineering and Performance，2007，16(5)：515－520.

［15］ Johnson K L. Contact mechanics［M］. Cambridge：Cambridge University Press，1985.

［16］ 刘宝庆. 过盈连接摩擦系数的理论及试验研究［D］. 大连理工大学，2008.

第 3 章 机械部件的磨损

机械部件发生摩擦，往往会导致表面损伤，即通常说的磨损。磨损通常定义为在动摩擦作用下不希望的、进行性的发生于相对运动物体的工作表面的物质损失或转移。这里强调动摩擦作用，是因为摩擦有静、动摩擦两种形式。静摩擦作用的表面主要为弹性变形，不会发生材料表面的损伤。动摩擦作用会造成表面的塑性变形——表面损伤。材料的损失可能由于摩擦热（frictional heating）（或蒸发产生的磨损），或来自于表面（化学、腐蚀或氧化磨损）的物质连续损失（如氧化物）。其他情况下，磨损是因为接触表面因法向或切向力作用引起的局部应力集中，可能伴随着（不一定）材料从一个表面向另一个表面转移，也可能在一个表面上材料在不同位置间的转移。

磨损是限制机器服役寿命的主要因素，机器的改进或零件替换主要与机器的维修成本、全生命期性能和可靠性有关。磨损会降低机器性能，增大零件之间的间隙，降低机器的精度并产生振动。磨损使机器不再稳定运行，并开始产生噪声。在极端情况下，表面启动裂纹将导致零部件断裂。

磨损在经济方面的重要性日益显现。因机器不可预测的突然停车而引发的成本往往是很可观的，而维持机器在较佳的状态下可靠运行所需的成本也会增加。

为了预测和控制磨损率，在设计阶段就要选择合适的润滑剂及摩擦副材料，并在运行期间调整运行环境，及时维修。因此，对磨损机理的基本理解是很重要的。

3.1 磨损宏观形态及其定量评定指标

3.1.1 磨损宏观形态

根据磨损的定义，将磨损形态分为三类，即失材磨损、自转移磨损和他转移磨损。

失材磨损：摩擦面的材料损失，进入到环境中形成磨损颗粒（磨屑）。

自转移磨损：同一摩擦面的材料由一处向另一处转移形成的表面损伤，可能不形成磨屑，也可能形成磨屑。

他转移磨损：摩擦副的不同表面间的材料由一摩擦面向另一摩擦面转移形成的表面损伤，可能不形成磨屑，也可能形成磨屑。

磨损仅发生在表面粗糙度级别，通常认为没有磨损或称为零磨损。

3.1.2 磨损定量评定

1）磨损量（wear loss）

磨损量是指摩擦过程中摩擦副材料的损失量，分为线磨损、体积磨损和质量磨损等。

线磨损量是指磨损时表面尺寸的变化，这个变化是在垂直于磨损表面的方向上测量的，一般用 Δh 表示；磨损体积或磨损质量是磨损前后的体积或质量变化量，分别用 ΔV 和 ΔW 表示。线磨损量的单位一般用微米(μm)表示。体积磨损量很小，其单位一般用立方毫米(mm^3)表示。线磨损量与许用线磨损量对比，常用于磨损预测。

2) 磨损率(wear rate)

磨损率是指磨损量对于产生磨损的时间或行程之比。磨损率可用三种方式表示：

(1) 单位时间的材料磨损量；

(2) 单位滑动距离的材料磨损量；

(3) 每转或每一往复的材料磨损量。

3) 比磨损率(specific wear rate)

比磨损率是指单位载荷(N)及摩擦行程(m)的磨损体积($mm^3/N \cdot m$)。

4) 磨损系数 K_w(coefficient of wear)

磨损系数是指摩擦材料的体积磨损 $V(m^3)$ 和较软材料屈服应力 $P_m(Pa)$ 之乘积对摩擦功(滑动距离 $s(m)$ 与载荷 $W(N)$ 的乘积)之比的无量纲数，即

$$K_w = \frac{V P_m}{W s} \tag{3-1}$$

5) 磨损因子 k(wear factor)

磨损深度 h 除以名义接触压力 p 与行程 s 的乘积，即

$$k = \frac{h}{ps} = \frac{h}{pvt} \tag{3-2}$$

式中：v 为滑动速度；t 为运动时间。k 的国际单位为 m^2/N，工程上建议用 $mm^3/(N \cdot m)$。磨损寿命预测时常用到磨损因子的概念，实际上，磨损因子并不恒定，与工况有关。

注意：使用比磨损率、磨损系数、磨损因子的概念时，磨损量应遵从 Archard 磨损定律，否则是不宜应用的。

3.2　宏观磨损规律

正常的磨损过程如图 3-1 中曲线 c 所示，经历了磨合期(Ⅰ)、正常磨损期(Ⅱ)和剧烈磨损期(Ⅲ，失效期)。摩擦初期改变摩擦表面几何形状和表面层物理机械性能(摩擦相容性)的过程即为磨合期。新机器使用前，在不完全负载下所进行的试运行，即按计划安排的一种磨损过程称为磨合(running in)，也称为跑合。当前采用特殊磨合技术，磨合期可能很短甚至消失，而剧烈磨损期可能会造成机器损坏，很少能直接测量出来。

干摩擦过程中的磨损过程如图 3-1 中曲线 a 所示，有时看不到磨合期或磨合期很短，在很多情况下是近似直线。如果使用油润滑，通常多数变得弯曲。以曲线 b 来说，滑动多少距离或相应多大的磨损时弯曲消失是非常含糊的。如果在图 3-1 的横轴上，在时间的百分之一处停止运转就看不到 b 和 c 的差别，相反，如果时间增大 100 倍继续磨损，则初期的弯曲等就在误差范围以内，弯曲消失后的部分可看作是具有斜率的直线。

曲线 b 表现出磨合期很短，迅速进入稳定磨损期，没有失效阶段，即没有第Ⅲ阶段。这是实验室试验常见的磨损过程。某些摩擦副的磨损，从一开始就存在着逐渐加速磨损的

现象,如阀门的磨损就属于这种情况,它的磨损最终会导致泄漏。

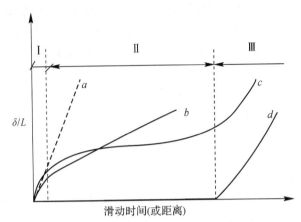

a—干摩擦时的磨损;b—与间隙有关的动载荷摩擦副;
c—正常机器;d—疲劳磨损

图 3-1 磨损量随时间的变化曲线

曲线 d 在磨合磨损阶段与稳定磨损阶段没有产生明显的磨损,磨损时间延长或接触循环达到一定周次时,磨损加剧。这就是疲劳磨损。当表层达到疲劳极限后,就产生剧烈磨损,例如齿轮、滚动轴承的工作表面在运转一定时间后发生的疲劳破坏就属于这种情况,又如某些密封完善、润滑良好的部件。

有时也会出现下列情况,磨合磨损阶段磨损较快,但当转入稳定磨损阶段后,在很长的一段时间内磨损甚微,无明显的剧烈磨损阶段。一般特硬材料的磨损(如陶瓷、硬质合金等)就属于这一类。

可采用油液分析的光谱技术、铁谱技术来观察上述磨损过程状态的变化和磨损趋势,研究磨损机理。

图 3-1 中的曲线 c 表示一种典型的磨损-时间曲线,由三个阶段组成:

第 I 阶段对应着摩擦表面的磨合过程。表面上的原始粗糙度(由机械加工最后工序得出的,称为工艺粗糙度)经过磨合,逐渐减小,变成一般正常使用的表面粗糙度,表面变得平整光滑,真实接触面积逐渐增大,磨损速度减慢,逐步过渡到正常稳定磨损阶段。为了避免在磨合磨损阶段损坏摩擦副,因此磨合磨损阶段多在空车或低负荷下进行;为了缩短磨合时间,也可采用含添加剂和固体润滑剂的润滑材料,在一定负荷和较高速度下进行磨合。磨合结束后,应清洗并换上新的润滑材料。

干摩擦时的磨合期关系到机器的可靠性和寿命。人们对于磨合工艺、磨合期向稳定(正常)磨损期过渡的研究也极为重视。

第 II 阶段是稳定(正常)的磨损阶段。这是机器零件正常工作阶段。磨损率基本保持恒定,磨损量很小,这也是用户正常使用的时间段,它约占磨损总时间的 90% 以上。如果没有严重改变磨损进程的特殊原因,磨损就会一直平稳地发展下去。为了保证获得较高的零件使用寿命,应当采取各种有效措施,尽可能使这个阶段零件的磨损量最小,延长其正常运转的生命期。

第Ⅲ阶段是剧烈磨损阶段。经过长时间的稳定磨损后，由于摩擦副对偶表面间的间隙和表面形貌的改变以及表层的疲劳，其磨损率急剧增大，使机械效率下降、精度丧失、产生异常振动和噪声、摩擦副温度迅速升高，最终导致摩擦副完全失效。这个阶段不易从磨损量测量出来，更容易从振动和噪声、温升等方面反映出来。

对于内燃机，此时如不及时更换新的气缸套和活塞环，很容易出现拉缸、断环等恶性故障。

由稳定期向剧烈磨损期过渡的转折点，对于机器维护具有十分重要的意义，因而是机器状态监测或故障诊断的重点工作内容。

图 3-1 中的曲线 c 有时也可绘制成按磨损率随时间的变化曲线，称为"浴盆曲线（bath tub）"，如图 3-2 所示。

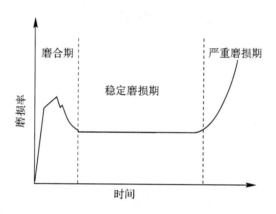

图 3-2　正常磨损的浴盆曲线

比较图 3-1 中的 a、b、c 三条曲线可见，摩擦的宏观过程曲线即是在不同系统层次表现出不同的涌现性。涌现性是系统从低层次向高层次的转变，是宏观系统在性能和机构上产生的突变。只有一个低级别的系统，如实验室测试时，只表现出磨合过程与稳定磨损过程，看不到失效过程。当与更高一级系统相作用，或受到高一级系统的调控、干扰时，由于机器部件间的间隙无法跟随调整保持摩擦面接触，因振动等原因就会得到激励而增强，甚至产生失效。这是由于系统层次变化产生了新的涌现性。所以研究摩擦学系统一定要清楚系统的层次。

3.3　磨损类型

磨损的种类很多，主要包括黏着磨损、磨料磨损、摩擦化学磨损、疲劳磨损、微动磨损等。

3.3.1　黏着磨损

1. 黏着磨损的分类

由于黏着作用使材料转移或脱落所引起的磨损称为黏着磨损。粗糙表面微凸体间发生黏着作用并引起微观冷焊时发生黏着磨损。在连续运动时，黏接处剪切掉的材料可能从一个表面转移到配合面，例如图 3-3，可能是暂时的，也可能是永久的。暂时性黏着磨损产

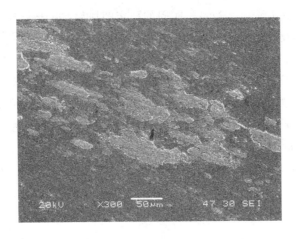

图 3-3 巴氏合金向 GCr15 盘上转移

生自由磨粒，严重的黏着磨损会造成机器停止运行，表面严重破坏，伴随严重的摩擦，产生大量的热。黏着磨损的步骤如图 3-4 所示。预防黏着磨损与预防黏着力产生的摩擦相同。黏着磨损可细分为划伤、胶合和咬死。

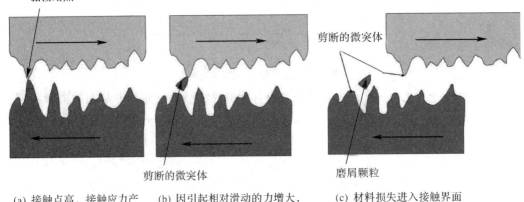

(a) 接触点高，接触应力产生塑性变形，导致界面上的原子键合

(b) 因引起相对滑动的力增大，剪切结点的力增大，直至超过其中之一的固体的剪切强度

(c) 材料损失进入接触界面

图 3-4 黏着磨损的步骤

1）划伤

在两滑动表面之间，局部固相焊合（solid phase welding），沿滑动方向形成严重的抓痕，即表面上形成沟槽和狭窄条带，则称为刮伤（scoring，或拉伤）。刮伤中之严重者称为咬合（galling）。有时，因为表面之间有磨粒存在，也会产生刮伤。

2）胶合

有明显的固相焊合产生的局部破坏，但尚未出现局部熔焊的现象称为胶合（scuffing），这是一种突发性的严重磨损形式。胶合表面往往有焊着（welding）现象，是固体表面直接接触时的黏着，对任何强度的材料都可能产生。焊合包含冷焊（cold welding）和熔焊（melting）。熔焊在较高的温度下才会产生。

胶合是破坏性最大的一种黏着磨损。产生胶合时表面温度急剧升高，有时表面发生熔化，摩擦系数突然增大,黏结点的强度比两金属的剪切强度高得多,黏结点面积较大。这时,剪切破坏发生在一个或两个基体金属的较深层,两表面出现严重磨损,甚至两表面间咬死而不能相对运动。在发动机的研究中认为胶合是一种经常发生的严重的磨损形式,称为拉缸。

3) 咬死

若产生严重焊合,此时表面结点温度高达 700~1000℃,黏着的面积大,黏结点的强度高到不能被外力剪断,而使摩擦表面间的相对运动停止,则称为咬死(seizure,局部烧结),如轴与轴瓦产生的抱轴现象。但摩擦表面直接接触时,摩擦热的长时间积累会造成两个突起部分的材料熔化,并熔合在一起,即烧结。

2. 降低黏着磨损的措施

通常采用下述方法控制黏着磨损:

(1)确保滑动表面润滑良好。最好采用液体润滑剂(油)。但当液体润滑剂不能使用时,采用润滑脂或固体润滑剂,如石墨或二硫化钼有时是有效的。

(2)选择不同材料构成的滑动摩擦副。

(3)使用硬化表面或耐磨涂层。提高材料硬度则不易塑性变形,因而不易黏着,对于钢,700 HV 以上可避免黏着。

(4)降低施加在接触面上的法向载荷,或减小应力集中。

(5)降低表面温度。这一点对聚合物表面特别重要。

3.3.2 磨料磨损

在矿业、建筑工程中磨料磨损(abrasive wear)现象十分普遍。磨料磨损也称磨粒磨损。有人认为在工业生产中遇到的磨损事实大约 50% 是由磨料磨损引起的。

磨料磨损是由接触变形引起的,在两个硬度相差很大的表面接触情况下,硬表面上的微凸体就会嵌入软表面内,在这些微凸体的周围,软表面材料发生塑性流动。当施加切向力时,硬表面就会移动,因而切削软表面上的材料。因此,磨料磨损的特征之一就是润滑几乎不能减轻磨损。

1. 磨料磨损的分类

磨料磨损的形式有许多种,按磨粒和表面的相互作用位置来分,则可分为二体磨料磨损和三体磨料磨损,如图 3 - 5 所示。若按摩擦表面所受应力和冲击角度的大小来分,则可分为凿削式磨料磨损、高应力碾碎式磨料磨损和低应力擦伤式磨料磨损。若按颗粒的集合体来划分,则可分为:固定颗粒状态,如同砂轮或砂纸;碰撞颗粒状态,如喷砂,高能的颗粒撞击固体表面;自由颗粒状态。颗粒不受特定力约束,对于固体表面可获得自由姿态。

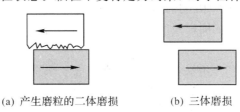

(a) 产生磨粒的二体磨损   (b) 三体磨损

图 3 - 5　磨料磨损按相互作用分类

本节重点介绍二体磨料磨损和三体磨料磨损。

1) 二体磨料磨损

磨粒沿一个固体表面相对运动产生的磨损，称为二体磨料磨损。磨损的形式与磨粒对表面的作用方向有关：磨粒平行于表面引起表面的擦伤或弱犁沟痕迹。磨粒垂直于表面，则产生冲击磨损。最终在表面上留下深的沟槽，并有大颗粒材料从表面脱落，如图 3-6 所示。

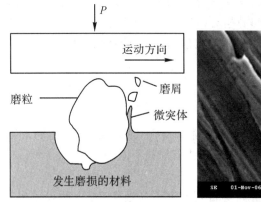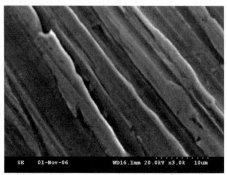

图 3-6　磨料磨损在表面留下的沟槽

2) 三体磨料磨损

存在于两摩擦面间的磨粒在压力作用下使韧性金属的摩擦面产生塑性变形或疲劳，使脆性金属发生脆裂或剥落。

2. 磨屑的形成机理

磨料磨损形成磨屑的机理大致包括三种：微观切削、疲劳破坏和脆性剥落。

当磨料或硬表面微凸体的棱角比较尖锐时，相对滑动时这些磨粒会像刀具一样对金属表面产生微观切削作用，一次滑动即形成磨屑。当磨料或硬表面微凸体的棱角比较圆滑时，相对滑动时这些磨粒往往不能把金属表面材料一次切削掉，而是像犁地一样在表面犁出一条槽，同时把材料堆积在槽的两侧。堆积在槽两侧的材料，在载荷的反复作用下最终会因疲劳断裂而形成磨屑。磨粒的犁沟作用使表面剪切、犁皱和切削，产生槽状磨痕。另外，磨粒对表面反复挤压和冲击，在没有相对滑动的情况下，塑性材料表面被挤出层状或鳞片状的疲劳剥落磨屑。微观切削和疲劳破坏主要是塑性材料的磨屑形成机理。对于脆性材料，磨屑则主要是由表面接触区材料的脆裂与剥落而形成的。实际零件的磨料磨损过程大多是由几种磨屑形成机理同时作用构成的。

3. 磨料磨损的摩擦副材料的选配

对于磨料磨损，纯金属和未经热处理的钢的耐磨性与自然硬度成正比。通过热处理提高硬度时，其耐磨性提高不如同样硬度的退火钢和淬硬钢，含碳量高的淬硬钢耐磨性优于含碳量低的淬硬钢。

耐磨性与金属的显微组织有关。马氏体耐磨性优于珠光体，珠光体优于铁素体。对珠光体的形态，片状的比球状的耐磨，细片的比粗片的耐磨。回火马氏体常常比不回火的耐磨，这是因为未回火的微组织硬而脆。

对于三体磨损，一般是提高摩擦表面的硬度，当表面硬度约为 1.4 倍时，磨粒硬度耐磨效果最好，再高则无效。三体磨损的颗粒粒度对磨损率也有影响。实验表明，当粒度小于

100 μm 时，磨粒越小则表面磨损率越低；粒度大于 100 μm 时，粒度与磨损率无关。要注意磨粒的尺寸与摩擦副间的间隙的关系，磨粒太小，磨料磨损作用小；磨料太大，磨粒不能进入间隙；只有当尺寸接近时，磨损严重。

对于同样硬度的钢，含合金碳化物的比普通渗碳体耐磨。钢中所加合金元素若越容易形成碳化物则越能提高耐磨性，例如 Ti、Zr、Hf、V、Nb、Ta、W、Mo 等元素优于 Cr、Mn 等元素。

对于有固体颗粒的冲蚀磨损来说，需要正确的硬度和韧性相配。小冲击角，即冲击速度方向与表面接近平行时，例如犁铧、运输矿砂的槽板等，在硬度和韧性的配合中更偏重于高硬度，可用淬硬钢、陶瓷、碳化钨等以防切削性磨损；对于大冲击角的情况，则应保证适当的韧性，可用橡胶、奥氏体高锰钢、塑料等，否则碰撞的动能易使材料表面产生裂纹而剥落；对于高应力冲击，可用塑性良好且在高冲击应力下能变形硬化的奥氏体高锰钢。

4. 降低磨粒磨损的措施

(1) 使用硬化表面。

(2) 设置硬的表面涂层。

(3) 降低与软表面接触的硬表面的粗糙度。

(4) 设法清除接触表面的磨粒。这可以通过轴瓦表面的液体清洗作用，过滤液体冷却剂和润滑油来解决。

(5) 减小磨粒尺寸。通过过滤或磁作用除去大的危害严重的磨粒。

3.3.3 摩擦化学磨损

摩擦化学磨损(tribochemical wear，腐蚀(氧化)磨损)是在摩擦促进下，摩擦副的一方或双方与中间物质或环境介质中的某些成分发生化学或电化学反应的过程，形成的腐蚀产物在摩擦过程中被剥离出来而造成的磨损，有时也称为腐蚀磨损。其主要特征是磨损表面有化学反应膜或小麻点，但麻点比较光滑。

1. 摩擦化学磨损的分类

摩擦化学磨损可进一步区分为氧化磨损与特殊介质腐蚀磨损两种基本类型，如图 3-7 所示。

    ├── 50 μm   ├── 5 μm

(a) 氧化磨损   (b) 腐蚀磨损

图 3-7 氧化磨损与腐蚀磨损形貌[1]

1）氧化磨损

在各类金属零件中经常见到的是氧化磨损。一般洁净的金属表面与空气接触时，与空气中的氧发生反应而生成氧化膜，且膜厚逐渐增长。通常氧化膜的厚度约为 $0.01\sim0.02~\mu m$。研究表明，摩擦状态下氧化反应速度比未受变形时的氧化速度快。这是因为摩擦过程中，在发生氧化的同时，还会因发生塑性变形而使氧化膜在接触点处加速破坏，紧接着新鲜表面又因摩擦引起的温升及机械活化作用加速氧化。这样，便不断有氧化膜自金属表面脱离，使零件表面物质逐渐消耗。

氧化磨损在各类摩擦过程、各种摩擦速度和接触压力下都会发生，只是磨损程度有所不同。和其他磨损类型比较，氧化磨损具有最小的磨损速度（线磨损值为 $0.1\sim0.5~\mu m/h$），也是生产中允许存在的一种磨损形态。在生产中，总是多方面创造条件使其他可能出现的磨损形态转化为氧化磨损，以防止发生严重的黏着磨损。

（1）金属的氧化过程与保护膜。

金属在高温下易与氧生成氧化物。若氧化物能挥发，则金属表面不能被覆盖，会继续氧化。但一般氧化物是不挥发的，能在金属表面形成一层氧化膜。

若氧化膜的比容比基体金属比容小，则氧化膜是多孔的、疏松的，不能完全覆盖金属表面，外界的氧继续与金属接触，不断氧化，达到一定厚度，氧化层开裂脱落后又开始形成新的氧化层，如此周而复始。

若氧化膜的比容比基体金属比容大，则氧化膜致密，能完全覆盖金属表面，氧化难以进行，但不能完全阻止氧化进行，因为 Fe 和氧原子仍会通过在氧化膜中的相对扩散而结合。氧化是一种纯化学过程，但此时，发展成为一种复杂的物理-化学过程。氧化层的厚度取决于原子通过氧化层的扩散速度，而扩散速度取决于温度及氧化膜的结构。

（2）Fe 的氧化层结构。

Fe 与氧能形成三种氧化物：FeO、Fe_3O_4、Fe_2O_3，当温度低于 570℃ 时，为致密的 Fe_3O_4、Fe_2O_3，牢固吸附在 Fe 表面，防止氧化。当温度高于 570℃ 时，在 Fe_3O_4 里面生成 FeO，且其厚度远远大于 Fe_3O_4、Fe_2O_3。FeO 结构疏松，利于 Fe 原子的扩散，过氧化速度增大，且 FeO 易剥落，而使 Fe 重新氧化。故要得到抗氧化的钢，首先要阻止 FeO 的出现，生成的膜结构致密，与基体金属结合紧密，不易剥落。

钢的抗氧化性与组织状态无关，只与成分有关。提高抗氧化性的基本方法是合金化，常用的元素有 Cr、Al、Si 等。添加少量稀土元素可增加抗氧化性。

2）特殊介质腐蚀磨损

对于铁基材料，腐蚀磨损的显著特征为常常用肉眼就可以辨认出红棕色或黑色的覆盖层。这种覆盖层由 α-Fe_2O_3 和 Fe_3O_4 构成。若希望起保护作用并降低磨损，则主要是形成结合强度高的反应层。如果表面上出现松散颗粒，起着磨料的作用，就可能使磨损量上升。

摩擦化学磨损主要发生在金属材料表面。即使是耐磨蚀的钢，如果其防锈的钝化膜在摩擦作用下被磨掉，也要发生腐蚀磨损。

滑动轴承材料，如巴氏合金含有 Cd、Pb 等元素，容易被润滑油中酸性物质腐蚀，在轴瓦表面产生黑斑，逐渐扩展成海绵状空洞，并在摩擦过程中生产小块剥落。轴承材料若含 Ag、Cu 等元素，当温度不高时，就会与润滑油中硫化物反应生成硫化物膜，起到减摩作用；而在高温时这层膜破裂（如硫化物膜），极易在摩擦时剥落。为了防止或减轻轴承腐蚀磨损，应该从选材、表面镀层（如 In 或其他金属）、降低表面工作温度，以及合理选择润滑剂等方面改进。

内燃机的轴瓦衬背与座孔贴合不佳，热量不能及时散出时，会在瓦背表面出现大面积发暗区，称为衬背烧损。如果轴瓦瓦背与座孔配合过盈不够，在工作负荷作用下，贴合面两金属间发生长期的微小振动，使瓦背表面发热、氧化，从而形成大面积发暗的氧化层，这种现象称为微动腐蚀磨损。

2. 降低摩擦化学磨损的措施

（1）改变固体颗粒或液滴的侵入角。
（2）清除液流中的固体颗粒。
（3）使用硬化表面。
（4）使用韧性表面材料。
（5）设置表面保护涂层。

3.3.4　疲劳磨损

3.3.1～3.3.3 小节讲的三种磨损（黏着、磨料、摩擦化学）主要发生在滑动表面。在滚动接触时，可能伴随滑移，一般以表面疲劳为主要磨损机理。摩擦副表面微凸体之间反复作用，材料微体积受循环接触应力和重复变形，导致裂纹的产生和扩展，分离出微片或颗粒的磨损称为疲劳磨损。

1. 疲劳磨损的特点

由于摩擦负荷通常与作用在表面上的机械应力有关，并且它的大小是随时间或位置的不同而不断改变的，所以在很多磨损过程中都伴随有疲劳磨损。它表现为裂纹的逐渐形成和扩展，最后脱落成颗粒状或片状磨屑，结果留下一些麻点和坑穴（点蚀）。

表面疲劳裂纹的产生及其部位与接触处表面下方应力场的性质有关。滚动疲劳在距离表面层下 $0.786b$（b 为赫兹接触区宽度之半）处最大剪切应力处塑性变形最剧烈，在载荷反复作用下，首先出现裂纹，并沿最大剪切应力的方向扩展到表面，裂纹折断，形成痘斑状凹坑，从而形成疲劳磨损，如图 3-8 所示。滑动疲劳则因最大应力出现在表面，故多发生表面疲劳，所产生的磨屑多呈薄片状。滚动轴承的保持架的表面疲劳形貌如图 3-9 所示。

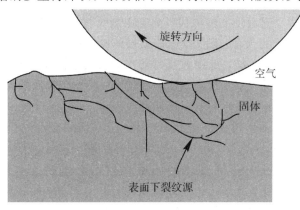

图 3-8　滚动接触疲劳

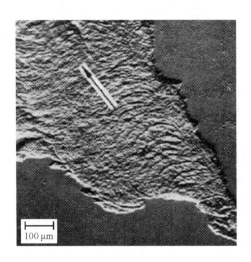

图 3-9　滚动轴承的保持架(硬化和回火钢 100Cr6（AISI52100）)的表面疲劳(滚动磨损)形貌

在齿轮的节线处，齿面滑动速度为零，润滑油流速低，不易形成油膜，因此在节线附近最容易发生点蚀。

疲劳磨损只有图 3-1 中的 Ⅱ 期和 Ⅲ 期，没有 Ⅰ 期(见图 3-10)。Ⅱ 期和 Ⅲ 期间的转变时间往往很短，甚至是无先兆性的，其所造成的危害是灾难性的。

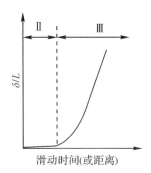

图 3-10　疲劳磨损量随时间的变化曲线

2. 接触疲劳磨损的摩擦副材料的选配

接触疲劳磨损是由于循环应力使表面或表层内裂纹萌生和扩展的过程。由于硬度与抗疲劳磨损能力大体上呈正比关系，设法提高表面层的硬度有利于抗接触疲劳磨损。

表面硬度过高，则材料太脆，抗接触疲劳磨损能力也会下降。轴承钢硬度为 62 HRC 时抗接触疲劳磨损的能力最高，如果进一步提高硬度，反而会降低平均寿命。

对于高副接触的摩擦副，当配对材料的硬度差为 50～70 HBS 时，两表面易于磨合，有利于抗接触疲劳。为控制初始裂纹和非金属夹杂物，应严格控制材料冶炼和轧制过程。因此轴承钢常采用电炉冶炼，甚至真空重熔、电渣重熔等技术。

灰口铸铁虽然硬度低于中碳钢，但由于石墨片不定向，而且摩擦系数低，所以有较好的抗接触疲劳性；合金铸铁、冷激铸铁的抗接触疲劳能力更好；陶瓷材料通常具有高硬度和良好的抗接触疲劳能力，而且高温性能好，但多数不耐冲击。

3.3.5　微动磨损

微动磨损是一种复合形式的磨损，黏着磨损、摩擦化学磨损、磨料磨损和表面疲劳磨损同时存在，但起主要作用的是表面间黏结点处微动而引起的氧化过程。因此，有人将它归纳在摩擦化学磨损内。在机器的紧配合面，虽然没有明显的相对位移，但在外加循环载荷和小幅震动的作用下，在配合面的某些局部地区将会发生微小的滑动（<100 μm）。正是由于这种非常小的滑动，导致了局部的磨损。

1. 微动磨损的形成机理

微动磨损与小幅运动有关，磨损颗粒保留在接触面上，可以发生于腐蚀以外的环境中。如果相互接触的表面微凸体黏着，在黏着处因为小幅震动（微动）不断地剪切，黏结点逐渐氧化，会产生红褐色的 Fe_2O_3 磨屑。这种过程在继续不断地进行中，氧化磨屑脱离零部件，黏结点破坏；同时，这些磨屑还起着磨料的作用，使接触表面产生磨料磨损。当磨损区不断扩大时，最后会引起接触表面完全破坏。这就是微动磨损（fretting wear）形成的机理。

各种连接件（铆钉连接、螺栓连接、销钉连接等）、片状弹簧、钢丝绳、万向节等零件的接合处，都易发生微动磨损。微动磨损使材料的疲劳寿命大幅度地降低，一般可降低 20%～50%，甚至更低。柴油机的连杆大端轴瓦盖的螺栓连接处，易发生微动磨损。

2. 降低微动磨损的措施

（1）设法使接触面不产生相对滑动，增强隔震而不是固紧表面。

（2）防止接触面产生氧化物。

（3）使用硬化表面。选择适当的材料配对以及提高硬度都可以降低微动磨损。一般地，碳钢的表面硬度从 Hv180 提高到 Hv700，微动磨损可降低 50%。抗黏着磨损性能好的材料配副，也有利于抗微动磨损。

（4）在表面上涂固体润滑剂或极压添加剂。

3.4　磨损率的计算

英国 Leicester 大学工程系教授 J. F. Archard 是国际摩擦学界最著名的学者之一。他在 R.Holm 和 Burwell、Strang 工作的基础上，于 1953 年提出黏着磨损理论[2]。在载荷 W 作用下的两个滑动接触表面，假设微凸体产生塑性变形且每次接触都会产生一定概率的磨粒；接触峰的顶端由平均半径为 a 的球形微凸体构成，如图 3-11 所示。如果微凸体在载荷 W 作用下产生屈服，则有

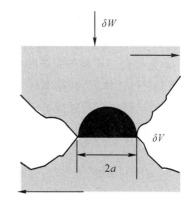

$$W = \pi a^2 p_m$$

设球形微凸体半径为 a，每个接触面积为 πa^2，每个接触承受载荷 $p_m \pi a^2$（p_m 为完全塑性接触状态的平均接触压力，是较软材料的流动压力或硬度），滑动距离为 $2a$，每个微凸体因磨损产生的磨屑为半球体，体积为

图 3-11　磨损模型

$2\pi a^3/3$，则单位距离上的体积磨损量 $\overline{V}$ 为

$$\overline{V} = \sum \frac{\frac{2}{3}\pi a^3}{2a} = \frac{1}{3}\sum \pi a^2 = n\frac{\pi a^2}{3} \tag{3-3}$$

$$W_{\text{总}} = p_{\text{m}}n\pi a^2 \tag{3-4}$$

将 $n\pi a^2 = \dfrac{W_{\text{总}}}{p_{\text{m}}}$，代入式（3-3），可得

$$\overline{V} = \frac{W}{3p_{\text{m}}} \tag{3-5}$$

Archard 认为在滑动了 $2a$ 距离后，并不是所有微凸体都被破坏，破坏后的微凸体并不立即脱离表面。引入一个因子 K，反映一个滑移过程中微凸体破坏产生磨屑的概率，则

$$\overline{V} = K\frac{W}{p_{\text{m}}} \tag{3-6}$$

式（3-6）即为 Archard 磨损公式。发生塑性流动时的压力可近似地认为等于材料的硬度。磨损体积为

$$V = K\frac{Ws}{H} \quad (塑性接触，\psi > 1) \tag{3-7}$$

式中：V 为磨损体积（m^3），通常采用 mm^3；s 为滑动距离（m）；W 为法向载荷（N）；H 为较软材料的布氏硬度或维氏硬度（Pa）；K 为无量纲的比例常数，取决于接触材料间的磨损系数，与磨屑从磨损表面脱落下来或磨屑转移的概率有关。对于大多数的材料配副，轻微磨损的 K 值一般为 $10^{-8} \sim 10^{-4}$；严重磨损的 K 值为 $10^{-4} \sim 10^{-2}$，具体数值与摩擦学系统有关。系数 K 也称为 Archard 系数、磨损系数，有时称作磨损常数，广泛地用作磨损严重性的指数。这个系数也可看作是产生磨损的接触微凸体的比例。K 值总是小于 1，实际上达到 0.001 或更小都会认为是严重的磨损形式。较小的 K 值也说明了发生磨损的微凸体占发生接触的微凸体比例是很小的。

Archard 磨损公式（式（3-7））是从黏着磨损推导出来的，但对其他类型的磨损，如磨料磨损、疲劳磨损等依然适用。

可把式（3-7）写成如下的形式：

$$\frac{V}{s} = K\frac{W}{H} \tag{3-8}$$

式中，V/s 为单位滑动距离的体积磨损量（体积磨损率，mm^3/m）。

由此得到下面两条简单磨损定律：

（1）材料（体积）磨损率与名义接触面积无关，与接触载荷成正比。

（2）材料（体积）磨损率与滑动速度无关，不受滑动距离（或时间）影响。

1）磨损深度

$$V = hA_{\text{a}}$$

$$h = K\frac{W}{A_{\text{a}}} \cdot \frac{s}{H} = K\frac{sp}{H} = \frac{K}{H}pvt$$

$$k = \frac{K}{H}$$

式中：h 为磨损深度（mm）；A_a 为名义接触面积（mm²）；p 为名义接触压力（Pa）；v 为摩擦线速度（m/s）；t 为时间（s）；k 为磨损因子，国际单位为 m²/N，量纲太大，表达的 k 太小，计算时被计算机当作 0 处理，工程上常用 mm³/(N·m)。

2）服役寿命

一个零件磨损的最主要的标志是其线性磨损量，它是在垂直于摩擦表面的方向上测得的。由于影响磨损的因素很多，会使在同一摩擦表面上各点的磨损量不同。

为了计算磨损，需要知道磨损-时间规律。磨损深度 h：

$$h = \frac{V}{A} = kps \tag{3-9}$$

式中：A 为受磨损的面积；s 为滑动距离；p 为比压。

式（3-9）可进一步写为

$$h = \frac{V}{A} = kpvt \tag{3-10}$$

显然磨损率由 pv 值决定。

3）极限磨损量

为了评价机器的工作性能并计算机器的耐久性，需要确定机器零件所允许的极限磨损量，即最大允许的磨损量 h_{max}。

（1）确定 h_{max} 的标准。

① 当零件的磨损量达到此极限值时，机器无法再继续工作，或者由于机器磨损已无法完成原定功能，危及机器的安全操作和使用。

② 零件间出现冲击，机器剧烈振动，接触面和润滑油温度升高。

③ 由于磨损使机器的工作特性恶化，效率降低，生产率下降，噪音加大，甚至密封失效，引起泄漏。

（2）由零件的强度条件决定。

零件磨损后，由于尺寸改变，其强度削弱到低于允许的程度，称为磨损的极限状态标准，如制动蹄片、机械密封的静环就要按此标准来判断。

3.5 磨 损 图

磨损大都是多种机理相互作用的结果，而不是由单一机理所支配，所以现在还不能够仅凭理论对磨损进行准确的估计与预测。1987 年，S. C. Lim[3] 提出了磨损图的概念，受到摩擦学界广泛的重视。磨损图（wear map）也称磨损机理图（wear mechanism map）、磨损形式图（wear mode diagram）或磨损图解（wear diagram）。

图 3-12 所示为销-盘接触下钢滑动副的磨损机制，给出的磨损形式有咬合、熔融磨损、剥层磨损、严重氧化磨损、轻度氧化磨损和超轻磨损。在绘制这幅磨损图时，使用和定义了一些新的参数，其中有些是经过规范化处理的无量纲参量。这里介绍以下三个参量：

$$\widetilde{V} = \frac{V}{A_a}, \quad \widetilde{F} = \frac{F}{A_a \cdot H_V}, \quad \widetilde{U} = \frac{U \cdot r_0}{a} \tag{3-11}$$

式中：A_a 为磨损表面的表观接触面积；H_V 为材料在室温下的硬度；r_0 为圆形表观接触面

积的半径；$\tilde{V}$ 为单位滑动距离、单位表面积上的磨损体积；$\tilde{F}$ 为表观压力与表面硬度之比；$\tilde{U}$ 为滑动速度与热流速度之比；a 为热导率；V 为单位滑动距离磨损体积。

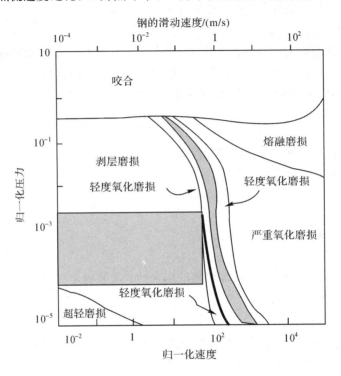

图 3-12　销-盘接触下钢滑动副的磨损机制[3]

图 3-12 综合反映出非常大的负荷和速度范围内的磨损行为，通过它既能够确定占主导地位的磨损类型，又能够确定磨损率。在低速滑动区，以机械磨损为主。一旦滑动速度和接触压力超过一定界限，则氧化磨损将占主导地位，导致轻度磨损或重度磨损。轻度磨损产生平滑表面，重度磨损则将产生粗糙的深度裂痕表面，且磨损率也较大，其磨损率可能相差 2～3 个数量级。轻度磨损和重度磨损之间的转变范围很宽。这些磨损类型的转变依赖于载荷、速度或其二者的乘积(pv 值)变化。

轻度磨损是由于氧化层减少了金属与金属的直接接触所致。轻度磨损的发生条件有：

（1）接触压力和滑动速度较低，表面生成一层几纳米厚且容易塑性变形的氧化膜。它隔离了金属与金属间的直接接触，在低载荷下氧化膜不破裂。

（2）滑动速度较高，界面的高温将产生连续的、较厚的脆性氧化膜，持续地氧化并不断生成新氧化膜。

（3）接触载荷较大，局部的摩擦加热产生淬火效应，碳钢表面形成硬化层，界面高温可在硬质基底上新生较厚的氧化膜。

（4）在更高滑动速度下，接触界面温度升高，表面上形成较厚的氧化膜，其隔热作用降低了从表面向基体的热量传递，引起严重氧化。

金属与金属发生直接接触将会引发重度磨损。重度磨损的发生条件有：

（1）高接触压力和低滑动速度，载荷较大而使氧化膜破裂，从而造成金属与金属的直接接触。

（2）中等接触压力和中等滑动速度，载荷较大而刺穿较厚但脆弱的氧化层。

（3）高接触压力和高滑动速度，工况严酷，使局部温度达到熔点，接触区出现液态膜，形成熔融磨损。

许多其他金属也显示相似的磨损特征，其具体数值有异。磨损图有助于金属的耐磨设计。

3.6 机械部件的材料选择

实践已经证明，解决摩擦磨损问题，采用不同摩擦副材料组合是有效的，包括各种金属、合金、金属基复合材料、热塑性材料、热固性材料以及陶瓷材料等。此外，还可以通过表面涂层或进行表面处理改善滑动表面的特性。

为了使设计人员针对具体应用对材料作出合理的选择，需要考虑各种材料的主要特性。滑块材料的重要特性包括：相对硬度（与嵌入的磨料材料比）、与摩擦副材料的相容性（黏着）、抗压强度、可加工性（为了保证公差）、润滑性、可润滑性、耐热以及耐腐蚀性等。

3.6.1 金属材料选择

金属-金属组合具有耐温且承载能力大的特点。其缺点是通常必须要润滑以防止金属间严重的黏着磨损。只要有少量的润滑油或润滑脂就足以获得有效的边界润滑，磨损轻微。反之，无润滑的干滑动摩擦通常会产生严重的黏着磨损。

注意：为什么金属-金属组合需要润滑？

在边界润滑条件下，金属之间摩擦系数的大致范围是 $\mu = 0.08 \sim 0.20$，而没有润滑的接触面摩擦系数为 $\mu = 0.3 \sim 0.6$。软金属的剪切强度低，具有较低的摩擦系数，磨损率高。工程中金属-金属配副常用润滑油、润滑脂或固体润滑剂润滑。对于干滑动，可以采用固体润滑，如接触区小时，可使用软金属薄膜。

1. 干滑动摩擦

在干滑动摩擦条件下，金属接触面之间易发生黏着磨损。典型的黏着磨损表现为：摩擦系数波动，不稳定，出现材料从一种金属表面向另一个表面的转移的情况，表面粗糙。

2. 润滑条件下的滑动摩擦

为了尽量减小金属-金属摩擦副的黏着磨损，选择冶金不相容的金属材料。轴承材料的硬度应是轴颈材料的硬度的 1/5～1/3 或更低。这样的摩擦副硬度比例使得金属表面具有很好的颗粒嵌入性能。选择高硬度材料可消除过大的弹性/塑性变形。

1）巴氏合金

实际中主要使用锡基巴氏合金，即以锡为主，含有铜等元素构成的合金，典型的有 ZSnSb11Cu6，其固相点温度为 240℃，液相点温度为 370℃，其最高使用温度不得超过 100℃。汽轮机滑动轴承铸造有约几个毫米厚的巴氏合金层。由于巴氏合金熔点低，因此，在边界润滑条件下会很快失效，所以需要全膜润滑。巴氏合金轴承相配的轴颈最小硬度应为 HB 150～200。轴的硬度高时，可选用硬度较高的轴承合金。轴的硬度超过 HB 250 时，可采用铜铅合金轴承。

内燃机中的曲柄轴承和凸轮轴承使用薄壁瓦，即在钢制零件表面通过电镀形成一层很薄的锡基巴氏合金镀层，然后卷制成形。一层薄巴氏合金层比厚巴氏合金轴瓦具有更好的抗疲劳特性，但是嵌入颗粒和改善对中作用较弱。

2）青铜

单纯的铝或铜并不是适合制造轴承的材料。但是，它们与铅和锡形成的合金（加铅青铜：10％铅和10％锡）是机械工程中广泛使用的轴承材料。通过磨合，钢表面形成一个又薄又软的铅-锡保护层，而这一保护层与钢并不相容。为了改善磨合条件，经常采用电镀的方法在轴承表面形成铅-锡保护层。一共有五种常用的铜合金用于轴承制造：铜铅合金、铅青铜、锡青铜、铝青铜和铍铜合金。青铜轴套适用于边界润滑条件。

3）珠光铸铁

具有高硬度的金属摩擦副组合，比如铸铁钢组合，比较容易产生黏着现象，所以其承载能力比较小。铸铁的高硬度导致其嵌入性较差，易引起局部高接触应力。短时的局部应力集中可以导致接触温度升高和局部焊接作用，是严重的黏着磨损，它将产生渐进的破坏作用，并最终导致失效。对于承受中等载荷的结构，可以采用这种摩擦副材料组合，前提是保证适当的润滑。由于内部存在游离的石墨薄层，珠光铸铁具有良好的滑动性能，其中的石墨薄层起到了干润滑剂和微型润滑剂容器的作用。虽然具有游离的石墨薄层，但是零件表面依然需要液体润滑剂。尤其对于大型机械结构而言，珠光铸铁与硬化钢的组合是一种良好的摩擦副组合，而且较青铜成本低。通过加入磷酸盐、磺酸盐或氮化物，可以改善珠光铸铁的滑动性能。

4）烧结金属

烧结金属是指由铁、铜、锡、锌或铅金属粉末烧结而成的金属，是一种多孔性金属材料。材料内部孔的体积约占总体积的30％，润滑油可以渗透进入材料的孔隙中。烧结青铜和钢的组合被广泛应用于缺少供油系统的结构中，例如一些小型驱动装置。在仪器设备的使用寿命期限内，由于毛细管原理，材料中的气孔容纳了所需要的润滑油。仪器工作时，润滑油从气孔中流出，从而保持了边界润滑条件。经过了内部渗透的烧结金属具有良好的滑动性能，可以确保在机械结构的使用寿命内具有低摩擦系数。通过浸入固体润滑剂，比如石墨或 PTFE 与 MoS_2 的混合物，烧结金属材料可以改善滑动性能和承载能力，可以承受干滑动和高温工作环境。PTFE 浸渗过的烧结金属材料可以耐高温 250～280℃，而石墨浸渗过的烧结金属材料可以耐高温 450～500℃。

3.6.2 聚合物选择

聚合物可分为热塑性材料、热固性材料和弹性体（橡胶）三类。热塑性材料又分为两类——结晶类和非结晶类。热固性材料不能通过加热进行二次成形加工，它较热塑性材料具有更高的模量且表现出更好的耐热性能。弹性体是指橡胶类聚合物，易于发生大的弹性变形。本节主要介绍热塑性材料。

复合材料是由两种或两种以上材料进行复合而得到的材料，比如将树脂和填料进行复合，得到具有特殊性能的材料。树脂可以是热塑性或热固性的。典型的增强材料有玻璃纤维或碳纤维，常用的润滑填料有许多，其中有机的为 PTFE、聚苯酯等，无机的有 MoS_2、石墨和六方氮化硼等。

1. 热塑性材料的种类

1）高性能塑料

工作温度大于 150℃ 的归类为高性能塑料。比如：PPS（聚苯硫醚）和 PEEK（聚醚醚酮）为半结晶的高性能塑料。而工作温度大于 150℃ 的非结晶塑料通常填充固体润滑剂以提高摩擦性能，如 PI（聚异戊二烯）、PAI（聚酰胺酰亚胺）、PES（聚苯醚砜）、PEI（聚醚-酰亚胺）和 PSU（聚砜）。

2）工程塑料

工作温度介于 100℃ 和 150℃ 之间的归类为工程塑料。例如，半结晶工程塑料有 PA6（聚酰胺、尼龙 6）、POM（聚甲醛）、PET（P）（聚对苯二甲酸乙二醇酯）、PBT（P）（聚对苯二甲酸丁二酯）和 UHMWPE（超高分子量聚乙烯）；非结晶工程塑料有 PC（聚碳酸酯）、PPO（聚苯醚）、ABS（丙烯腈丁二烯苯乙烯）和 PMMA（聚甲基丙烯酸甲酯）。

3）自润滑塑料

为了提高塑料的力学和摩擦学性能，可加入纤维和固体润滑剂，这样的材料分别称为纤维增强塑料和自润滑塑料。纤维（特别是长纤维）能提高材料的力学强度，而且还会影响到摩擦、磨损以及极限 pv 值。当滑动发生时，分散到塑料中的固体润滑剂在相对的金属摩擦副表面形成润滑转移膜，从而达到减小摩擦和磨损的目的。

润滑填充剂主要有 PTFE（聚四氟乙烯）、二硫化钼（MoS_2）和石墨等。MoS_2 易潮解，但可用于真空、干燥的环境下；石墨可用在潮湿的环境下；PTFE 可用于潮湿、真空环境下。适当地组合使用上述三种填充剂，可满足大多数特殊要求。

人们所熟知的 PTFE 具有低摩擦系数和高熔点的特点。其摩擦系数低的原因是其剪切强度和表面能 γ 都比较低。在较高的接触压力下，可以出现摩擦系数 $\mu < 0.1$。其静摩擦系数比绝大多数的塑料材料低，且比其滑动摩擦系数低，这个特性对于避免出现跃动是极为重要的。使用 PTFE 材料最主要的不利之处是它对磨料磨损的敏感性和蠕变性。因此这种材料通常不单独用于轴承制造，而只适用于小幅运动或是与非常光滑的摩擦副表面配对的轻载情形（Ra≪0.1）。影响摩擦系数和磨损率的因素有温度、接触压力、滑动速度、工作时间以及摩擦副的相对材料的特性、接触表面的光洁度以及所使用的润滑剂等。

2. 热塑性材料的力学和摩擦学特性

由热塑性塑料（简称塑料）制造的滑动部件较金属材料具有更多的优点，如对振动的阻尼作用、低工作噪声、耐腐蚀性以及重量轻等。采用注塑技术生产的热塑性材料成本低廉，而且在大多数情况下不必考虑润滑问题。然而在某些情况下，润滑剂的应用可以减小摩擦、磨损和噪声。此时需要对塑料件采用特殊的润滑剂。对于塑料而言需要考虑的属性包括：低刚度、低强度、低熔点、良好的热延展性以及极差的热传导性。在塑料-不锈钢的组合中，约 90% 的摩擦能量由钢表面传递。由于塑料极差的热传导性，塑料-塑料摩擦副组合仅局限于较低的相对滑动速度和承载能力。一些塑料因吸收水分或溶剂而溶胀。塑料材料最小的加工公差要比金属大。

1）结晶

塑料的力学和摩擦学特性很大程度上取决于结晶程度及其形态，包括聚合物链的长度。非结晶塑料内部聚合物链随机分布，而半结晶塑料中结晶区域是按一定规律排列的。

半结晶塑料通常比非结晶塑料具有更高的强度、刚度和耐磨损性,具有更好的耐化学(腐蚀)性。非结晶塑料更容易受到化学作用的影响,但其具有更好的各向同性,且铸模后收缩程度更小。

2)温度依赖性

与金属相比,塑料的力学特性在很大程度上取决于温度、时间以及接触压力。在低温下,塑料硬且易碎;温度升高,则塑料强度降低且更具韧性。例如,HDPE(高密度聚乙烯塑料)20℃时的弹性模量是 60℃时的 3 倍。在蠕变载荷下,弹性模量较正常载荷低数倍。聚合物的温度-形变曲线存在五个区域,按温度由低到高依次为:① 玻璃态;② 玻璃态转变区;③ 高弹态;④ 黏弹转变区;⑤ 黏流态(见图 3-13)。

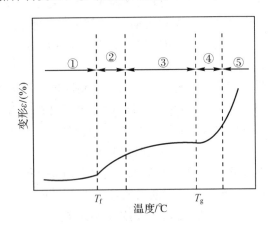

图 3-13 线形非晶聚合物的温度-形变曲线

3)玻璃化温度

在某个温度 T_g 以上,聚合物的性能剧烈变化,这一温度认为是玻璃化温度。在玻璃化温度 T_g 以下,非结晶聚合物处于坚硬的状态。在这个温度以上时,非结晶和半结晶聚合物内部的非结晶区域会变成橡胶状,柔软且韧性高。所以非结晶聚合物只适用于玻璃化温度以下的情况。例如,非结晶塑料聚碳酸酯(PC)的玻璃化温度为 $T_g = 150℃$;聚砜 PSU 的 $T_g = 195℃$。

4)工作温度

最高容许工作温度取决于机械应力的大小和所持续时间。持续高温会导致氧化降解,从而使材料脆化。由此,磨料磨损急剧增加。以聚酰胺为例,其熔化温度 $T_m = 255℃$,可以在 80℃下工作 20 000 h,在 95℃下工作 5000 h,而在 180℃下仅能工作 1 h。

熔化温度半结晶聚合物可以在低于熔点温度几十摄氏度以下保持其力学强度,到达熔点后其内部结晶区域将变成黏性的。例如,半结晶塑料聚甲醛(POM)玻璃化温度 $T_g = 60℃$,熔点温度 $T_m = 165℃$,聚酰胺(PA6)玻璃化温度 $T_g = 50℃$,熔点温度 $T_m = 215℃$。POM 一般在玻璃化温度以上应用,而 PA 在玻璃化温度以上或是以下都可以应用。

5)摩擦系数与温度的关系

半结晶塑料在玻璃化温度附近的物理特性将会发生很大的转变。这些特性包括拉伸强度、弹性模量、热膨胀、摩擦系数、磨损率等。在玻璃化温度以上时,即 PA66 超过 50℃、PETP 超过 75℃、PEEK 超过 150℃,摩擦系数迅速增长。接近熔化温度时,聚合物软化失效,摩擦系数迅速下降,即接触面出现熔化的液态膜(见图 3-14)。

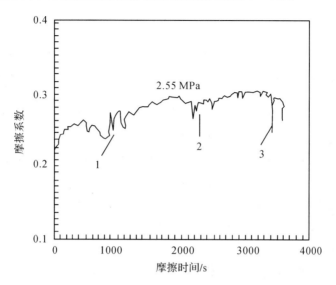

图 3-14　PEEK 的摩擦系数随摩擦时间的变化关系(速度为 0.37 m/s)

摩擦初期,当温度低于玻璃化温度 T_g 时,仍处于玻璃态,变形小,摩擦系数也小,如图 3-14 中的初始阶段。此时的微凸体顶端因闪温作用,可能处于高弹态,如图 3-15(a)所示。随着摩擦的进行,热量积聚,温度升高,摩擦表面逐渐形成高弹态③,此时温度介于 $T_g \sim T_f$ 间,且高弹态层增厚(见图 3-15(b))。此时高分子链段可自由移动,形变增大,真实接触面积增大,摩擦力的犁沟项及黏着项均增大,μ 增大;因此进入塑料的热流继续增大,当温度高于流动温度 T_f 时,分子整链开始运动。聚合物表层逐渐变成黏流态⑤,发生黏性流动(见图 3-15(c))。因 PEEK 分子量很大,故其熔体黏度很大。此时,黏流态⑤层不断增厚,μ 降低,如图 3-15(d)所示。但黏流态⑤层极易被挤出摩擦面,磨损量迅速增加,可见到磨屑由细小的薄片黏连而叠压堆积在一起。黏流态⑤层因磨损而减薄,同时摩擦系数减小(见图 3-15(e)),最终被磨尽,留下高弹态③表面层(见图 3-15(f)),随后摩擦系数又逐渐增大,又开始新一轮的状态变化。即表面黏流态③周期性出现,导致摩擦系数出现周期性的低谷。这种摩擦软化及流动的结果会使聚合物表面产生一种类似抛光的作用。

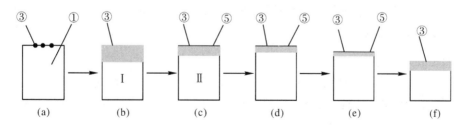

图 3-15　摩擦导致表面物理状态的变化

6) 动态承载能力

通常情况下,塑料滑动接触最大表面压力受到有限的 pv 值的限制。这是一个能够表述轴承所能承受的最大摩擦能量的量度。过度的摩擦热使塑料软化,导致大的弹性/塑性变形或熔化。其中随着温度迅速增长的摩擦系数更是进一步加速了这一过程。

单位接触面积上由于摩擦产生的热流 q $(J \cdot m^2/s)^{-1}$ 为

$$\frac{q}{A} = \mu p v \qquad (3-12)$$

式中，$\mu = \mu(T, p)$ 为摩擦系数，与接触温度 T_n 和接触压力 p 相关，但是与 v 相关性较弱。可见，一种塑料材料可以得到高的 pv 值，并且具有高的使用温度、良好的导热性以及最小的摩擦系数。

热量耗散受到轴承结构影响，因此由某个试验机所得到的有限的 pv 值并不唯一，与试验条件及其向环境的散热能力有关。为了安全，应用中的最大 pv 值决不能超过试验中所得到的 pv 值的 1/2。氧化降解以及温度和压力所导致的特定磨损率增加的现象不会影响 pv 值，但是会极大地影响到机械的运行寿命。因此，由于运行寿命的需要，所允许采用的最大 pv 值将限制在一个小的范围内。由于摩擦系数与 p 和 v 有关，存在两种情况，一是高 p 低 v，另一种是低 p 高 v。大多数塑性材料的摩擦系数随着压力的增加而减小，所导致的高 pv 值表现为高 p 低 v 的情况。

3. 热塑性材料和热固性材料的选择

具有更高耐热性的塑料通常显示出高 pv 值和在高温下具有更加优良的抗蠕变性能，但是成本也更高。对于最高温度 60℃ 的情况，超高分子量聚乙烯(UHMWPE)材料就是很好的选择，因为价格便宜且具有很好的摩擦性能，也就是低摩擦系数($\mu = 0.1 \sim 0.15$)和低磨损率。未填充的聚酰胺和 POM 的工作温度最高分别为 80℃ 和 100℃，但是其摩擦系数为 $\mu = 0.3 \sim 0.5$，长时间的高温会导致材料脆化，从而磨损急剧增加。对于大型复杂的几何形状，铸造聚酰胺是一个可行的方法。如果在干滑动条件下需要低摩擦系数，聚酰胺材料或是 POM 可以同占体积比至少 15% 的 PTFE 形成复合材料。在大载荷应用中，增强塑料和树脂是最好的选择，同时也可以在其中填充固体润滑剂。

3.6.3 专用陶瓷选择

单片陶瓷包括以下几种：Al_2O_3(氧化铝)、SiC(碳化硅)、Si_3N_4(氮化硅)和 ZrO_2(氧化锆)。氧化铝应用最为广泛，它的成本相对较低，制造难度较小，同时具有高硬度和高耐磨损性能。通过加入氧化锆可以提高氧化铝的强度和韧性，一般来说需要加入 10%～20% 的氧化锆。氧化锆和氧化铝的复合材料被称为氧化锆增韧氧化铝。

1. 工程陶瓷的特性

1) 制造方法

在 1000～1500℃ 下，将氧化物、氮化物、碳化物或硅化物粉末烧结成形就得到专用技术陶瓷。陶瓷硬度高、性脆，可在水润滑下使用金刚石砂轮对其表面进行研磨和抛光。

2) 物理特性

现代工程陶瓷集高强度、高硬度、高耐磨损性能、密度小、耐高温、耐腐蚀的优点于一身，但其韧性差(性脆)。陶瓷材料常常呈现各向异性。

3) 润滑

陶瓷-陶瓷或陶瓷-钢的组合通常采用油、油脂、水或固体润滑剂进行润滑。只有在载荷很小、速度低的某些情况下，可以不采用润滑(100～300 MPa)。

4）摩擦系数

使用水润滑 Al_2O_3，会形成一个足够安全稳定的氢氧化铝表面保护层。水润滑 Al_2O_3 的摩擦系数约为 0.3，而对于不采用润滑的情况，其摩擦系数为 $\mu=0.8$。若采用油润滑，摩擦系数大致为 $\mu=0.2$。典型的非润滑钢- Al_2O_3 组合的摩擦系数为 $\mu=0.5$。

5）高温/真空

在高温（250～400℃）或真空条件下，固体润滑剂是一个不错的选择，然而可在高温下工作的润滑剂十分有限。陶瓷-钢组合比陶瓷-陶瓷组合具有更好的热传导性。对于高温工作环境，需要特殊种类的耐热钢材。

6）磨料磨损

由于硬度高，陶瓷材料具有优良的抗磨料磨损性能。对于轻度磨料磨损（3 类），接触表面需要具有细微的颗粒结构和非常好的光洁度。如果在微接触面上只存在弹性变形，微观水平下出现的疲劳和随后出现的三体磨料磨损现象会导致很严重的磨损。由于陶瓷材料的热传导性能差且脆，强烈的变形会使局部出现微裂纹，称为热冲击。剧烈的黏着摩擦和化学反应也会导致微观裂纹的形成。微观裂纹进一步发展就会导致陶瓷材料出现层状脱落。

2. 陶瓷滚珠轴承/混合滚珠轴承

全陶瓷滚珠轴承的内外环的材料为 ZrO_2，球材料为氮化硅。陶瓷滚珠轴承可以应用在高速、高温和高腐蚀性的工作环境中。

混合钢制滚珠轴承的球为氮化硅，内外环是钢制的。氮化硅的密度仅为钢的 40%，因而减小了离心力，由此可以将额定工作转速提高 15%～30%。使用陶瓷滚珠，提高了轴承的精度，同时减小了振动幅度。由于在同等工作条件下，混合轴承比传统的钢制轴承温度低，使用寿命通常为传统钢制轴承的 2～5 倍。由于陶瓷滚珠是电绝缘的，所以通常在大功率电动机中不会产生电蚀微孔现象。

思 考 练 习 题

3.1　金属材料的硬度越高，其耐磨性越好的说法是否正确？

3.2　基于不同材料的摩擦学试验，下列摩擦系数和磨损系数是关于钢/石墨、钢/钢、钢/黄铜、氧化铝/氧化铝的。请将配对的材料名填入表 3-1 中。

表 3-1　题 3.2 表

材料副	摩擦系数	磨损系数
	0.2	10^{-6}
	0.1	10^{-4}
	0.3	10^{-9}
	0.6	10^{-2}

3.3　导出圆锥微凸体犁过表面的磨损公式。

3.4　影响表面磨损的因素是什么？机器工作中遇到的最常见的磨损类型为什么是黏着

磨损?

3.5 什么样表面处理可使生产的金属零件在下列方面最有效:

(1) 低摩擦;(2) 好的抗黏着磨损性;(3) 好的抗磨料磨损性;(4) 抗疲劳磨损性。

您应该考虑使用金属(铁基和有色金属)、陶瓷和高聚物作为基本材料,并考虑尽可能宽的运行和测试条件。

参 考 文 献

[1] (德)霍斯特·契可斯,摩擦学[M]. 刘钟华,王夏鍪,陈善雄,等,译. 机械工业出版社. 1984.

[2] Archard J F. Contact and Rubbing of Flat Surfaces[J]. JOURNAL OF APPLIED PHYSICS,1953,24(8):981 - 989.

[3] Lim S C,Ashby M F. Wear-mechanism maps[J]. Acta Metall. 1987,35:1 - 24.

第4章　润滑剂的选择与润滑设计

如果相对运动的两个表面之间有相互作用，则产生摩擦，摩擦导致磨损，为了减少磨损，人们发明了润滑技术，而润滑剂的泄漏又催生了密封技术。单纯植物油或矿物油的润滑性能有限，但通过在润滑剂中添加油性剂、极压剂或者纳米颗粒与固体润滑剂等，则可以成倍延长机械的工作寿命。因此，本章主要讨论润滑剂的选择与润滑设计问题。

4.1　润滑状态转变的 Stribeck 曲线

在绝大多数工业摩擦副的设计中，为了减少零件的摩擦与磨损，而广泛采用各种形式的润滑。实际应用中，如齿轮、轴承、密封、离合器与凸轮等，都在一种特定的润滑状态下运行。为了使摩擦接触副达到最佳工作状态，必须使之有一个良好的润滑状况。Stribeck曲线清楚地描述了摩擦副的各种润滑状态及其转化过程（见图 4-1）。另一方面，在工程中，点、线接触式摩擦副的应用范围非常广泛，为了更好地设计轴承，确切了解构成Stribeck 曲线的各因素的变化对润滑状态的影响是十分必要的。

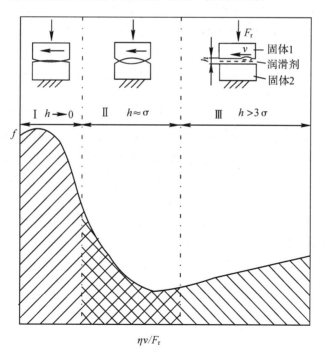

图 4-1　Stribeck 曲线

根据不同的润滑状态可将摩擦分为干摩擦、边界摩擦、流体摩擦和混合摩擦，如图

4-2所示。

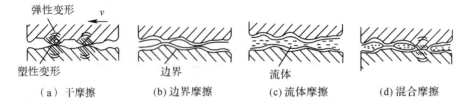

图 4-2　不同的润滑状态

　　两相互作用表面之间不施加任何润滑剂时，将出现固体表面直接接触的摩擦，称为干摩擦(见图 4-2(a))。金属间的干摩擦系数一般为 0.3～4.0，此时，必有大量的摩擦功耗和严重的磨损。所以，轴承应避免在无润滑状态下工作。但如果采用固体润滑剂，例如二硫化钼、石墨和聚四氟乙烯等，摩擦系数则可大大降低，其摩擦系数在 0.08 左右。采用固体润滑剂可在轴承工作表面实现固体润滑，用固体粉末、薄膜或复合材料代替润滑油脂，润滑相对运动的摩擦面以达到减摩和耐磨的目的，这种技术称为固体润滑原理。

　　边界摩擦是摩擦副表面各吸附一层极薄的边界膜，边界膜厚度通常在 $0.1\,\mu m$ 以下，尚不足以将微观不平的两接触表面分隔开，两表面仍有凸峰接触(见图 4-2(b))。边界摩擦的性质取决于边界膜和表面吸附性能。在边界摩擦情况下，当摩擦副滑动时，由于表面的吸附膜像两个毛刷子相互滑动一样，因而降低了摩擦系数，起到润滑作用。当边界膜是反应膜时，由于摩擦主要发生在这个熔点高、剪切强度低的反应膜内，因此可有效防止金属表面直接接触，降低摩擦系数。金属表层覆盖一层边界膜后，摩擦系数比干摩擦状态时小得多，一般为 0.15～0.30，可起到减小摩擦、减轻磨损的作用。但摩擦副的工作温度、速度和载荷大小等因素都会对边界膜产生影响，甚至造成边界膜破裂。因此，在边界摩擦状态下，保持边界膜不破裂十分重要。在工程中，常通过合理地设计摩擦副的形状，选择合适的摩擦副材料与润滑剂，降低表面粗糙度值，在润滑剂中加入适当的油性润滑剂和极压添加剂等措施来提高边界膜的强度。

　　流体摩擦是两摩擦表面完全被流体层(液体或气体)分隔开，表面凸峰不直接接触的摩擦状态(见图 4-2(c))。流体摩擦的性质取决于流体内部分子间的黏性阻力，其摩擦系数极小，摩擦阻力最小，理论上可认为摩擦副表面没有磨损。形成流体摩擦的方式有两种：一是通过液(气)压系统向摩擦面之间供给压力油(气)，强制形成压力油(气)膜，隔开摩擦表面，称为流体静压摩擦，如液(气)体静压轴承、液(气)体静压导轨；二是利用摩擦面间的间隙形状和相对运动在满足一定条件下而产生的压力油(气)膜，隔开摩擦表面，称为流体动压摩擦，如液体动压轴承、气体动压轴承。

　　流体润滑的摩擦示意图如图 4-3 所示。

$$\tau = \frac{F}{A} = \eta\,\frac{\mathrm{d}u}{\mathrm{d}y} = \eta\,\frac{U}{h}$$

$$A = \pi \mathrm{d}L = 2\pi rL$$

$$F = \tau A = \frac{\eta U \cdot 2\pi rL}{h} = \frac{\eta U \cdot 2\pi rL}{c}$$

$$F_1 = \frac{F}{L}$$

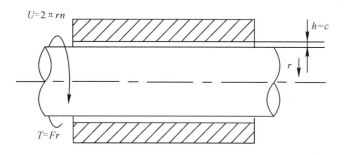

图 4 - 3　流体润滑的摩擦示意图

$$\left(\frac{F_1}{\eta U}\right)\left(\frac{c}{r}\right)=2\pi \tag{4-1}$$

式(4-1)称为彼得罗夫(Petroff)定律;式中的 F_1 为单位宽度上的摩擦力, η 为润滑油的动力黏度, U 为滑动速度, c 为半径间隙, r 为轴颈半径。式(4-1)表明流体摩擦的摩擦系数与轴承特性参数成线性关系[1]。

混合摩擦是干摩擦、边界摩擦、流体摩擦处于混合共存状态下的摩擦状态(见图 4-2(d))。在一般机械中,摩擦表面多处于混合摩擦状态,混合摩擦时,表面间的微凸峰部分仍有直接接触,磨损仍然存在。但由于混合摩擦时的流体膜厚度要比边界摩擦时的厚,减小了微凸峰部分的接触点数量,同时增加了流体膜承载的比例,所以混合摩擦状态时的摩擦系数要比边界摩擦时小得多。

机械设备中在摩擦状态下工作的机件主要有两类:一类要求摩擦阻力小,功耗少,如滑动轴承、导轨等动连接和啮合传动;另一类则要求摩擦阻力大,利用摩擦传递动力(如带传动、摩擦轮传动、摩擦离合器)、制动(如摩擦制动器)或吸收能量起缓冲阻尼作用(如环形弹簧、多板弹簧)。前一类机件要求用低摩擦系数的材料(又称减摩材料)来制造,如轴承材料;后一类机件则要求用具有高且稳定的摩擦系数、耐磨耐热的材料(又称摩阻材料)来制造。

4.2　润滑剂的性能

世界能耗折算成石油的 1/3～1/2 消耗于摩擦、磨损。1987 年世界润滑油用量约 3800 万吨、润滑脂约 220 万吨,使用添加剂约 150 万吨,约占化学添加剂总量的 50% 左右。美国的润滑油用量约 850 万吨,添加剂约 80 万吨,平均约占 9%;日本的润滑油用量约 200 万吨,添加剂约 14 万吨,平均约占 7%;我国的润滑油用量约 180 万吨,添加剂约 7 万吨,约占 3.9%。现用润滑剂中 86% 左右还是石油系润滑油,合成润滑油约占 5%,润滑脂约占 6%,固体润滑剂约占 3%。目前润滑剂正朝着高性能、长寿命、少污染的方向发展。

常用的润滑剂有润滑油、润滑脂和固体润滑剂,此外还有空气、液态金属、离子型等润滑剂。对于润滑油和润滑脂,决定其润滑性能的因素有黏度随温度和压力的变化、密度随温度和压力的变化、应力与应变间的关系,另外润滑剂和添加剂的化学活性也是影响界面间摩擦磨损的关键因素。

4.2.1　黏度方程

随着油的温度升高,从而润滑油的黏度下降。在重载高速的摩擦副润滑设计中,由于零件表面的温度升高显著，必须考虑润滑油黏度随温度的升高而降低的效应[2,3]。按提出的时间顺序有以下计算温度 T 对动力黏度 η 影响的公式，其中 Reynolds 公式常用于弹流润滑分析，ASTM 公式由实测数据拟合得到，具有较好的准确性。

Poiseuille：

$$\eta = \frac{1}{a + c\,(T - b)^2}$$

Slotte：

$$\eta = \frac{1}{(T + B)^m}$$

Falz：

$$\eta = \frac{a}{(0.1T)^{2.6}}$$

Vogel：

$$\eta = \eta_0\,e^{b/(T+c)}$$

$$\ln\eta = \ln a + \frac{b}{T + c}$$

Reynolds：

$$\eta = \eta_0\,e^{-\beta(T - T_0)}$$

Andrade - Erying：

$$\eta = \eta_0\,e^{\alpha/T}$$

Slotte：

$$\eta = \frac{s}{(a + T)^m}$$

ASTM：

$$(\nu + a) = bd^{1/T^c}$$
$$\ln\ln(\nu + a) = A - B\ln T$$

当矿物油所受压力超过 0.02 GPa(约 200 大气压)时，润滑油的黏度随压力变化十分显著，在润滑设计分析中，必须考虑润滑油黏度随压力的升高而增大的黏压效应。在机械零件的摩擦副中，接触压力可以达到 0.5～3.2 GPa，润滑油的动力黏度明显增加，这时需要考虑润滑剂的黏度随压力的变化情况。按公式提出的时间顺序，有以下考虑流体压力 p 对动力黏度 η 影响的公式，其中 Barus、Reynolds 和 Roelands 公式常用于弹流润滑理论计算。在压力高于 0.5 GPa 时，Barus 公式高估了黏度随流体压力的增大效应，而 Roelands 公式适用于高压下的黏度计算。Winer 公式有较多的参数，比较准确。

Barus：

$$\eta = \eta_0\,e^{\alpha p}$$

Roelands：

$$\eta = \eta_0 \exp\left\{(\ln\eta_0 + 9.67)\left[-1 + \left(1 + \frac{p}{p_0}\right)^z\right]\right\}$$

Cameron：

$$\eta = \eta_0 \ (1 + cp)^{16}$$

Barus & Reynolds：

$$\eta = \eta_0 \exp[\alpha p - \beta(T - T_0)]$$

Roelands：

$$\eta = \eta_0 \exp\left\{ (\ln \eta_0 + 9.67)\left[(1 + 5.1 \times 10^{-9} p)\ 0.68\left(\frac{T - 138}{T_0 - 138}\right)^{-1.1} - 1 \right] \right\}$$

Worster：

$$\eta = \eta_0 \exp(\alpha p)$$

$$\alpha = [35.8 + 9.9 \ \lg(\eta_0)]\ (\text{GPa}^{-1})$$

Roelands：

$$\lg \eta + 4.2 = [\lg(\eta_0) + 4.2](1 + 5.1P)^z$$

Irving and Barlow：

$$\lg\left(\frac{\eta}{A}\right) = \exp(BP) - C\exp(DP)$$

Power law：

$$\eta = \eta_0 \ (1 + KP)^\varepsilon$$

Sargent：

$$\eta = \eta_0 \exp\left(\frac{AP}{B + P}\right)$$

Winer：

$$\lg \eta(T, P) = \lg \eta_g - \frac{C_1[T - T_g(P)]F(P)}{C_2 + [T - T_g(P)]F(P)} \quad \text{(Modified WLF relation)}$$

4.2.2　密度方程

在高的接触压力下，润滑油是可以被压缩的；另一方面，润滑油的密度随温度的升高而降低。Dowson 公式常用于润滑理论的计算。润滑油的压缩系数 C 的定义如下：

$$C = \frac{1}{\rho}\frac{\mathrm{d}\rho}{\mathrm{d}p} = \frac{V}{m}\frac{\mathrm{d}(m/V)}{\mathrm{d}p} = -\frac{1}{V}\frac{\mathrm{d}V}{\mathrm{d}p}, \ \frac{1}{m}\frac{\mathrm{d}m}{\mathrm{d}p} = 0$$

润滑油的压缩系数为

$$C = (7.25 - \ln \eta) \times 10^{-10}$$

常见的密度方程如下：

$$\rho_p = \rho_0 [1 + C(p - p_0)]$$
$$\rho_T = \rho_0 [1 - \alpha_T(T - T_0)]$$

D. Dowson & G. R. Higginson：

$$\rho_p = \rho_0 \frac{1 + 2.266 \times 10^{-9} p}{1 + 1.683 \times 10^{-9} p}$$

D. Dowson：

$$\rho_p = \rho_0 \left(1 + \frac{0.6 \times 10^{-9} p}{1 + 1.7 \times 10^{-9} p}\right) + D_t(T - T_0)$$

$$\rho_T = \rho_0 [1 - \alpha_T(T - T_0)]$$

$$\lg\eta \leqslant 3.5, \alpha_\mathrm{T} = \left(10 - \frac{9}{5}\lg\eta\right) \times 10^{-4}$$

$$\lg\eta > 3.5, \alpha_\mathrm{T} = \left(5 - \frac{3}{8}\lg\eta\right) \times 10^{-4}$$

压力对润滑油密度的影响如图 4-4 所示。

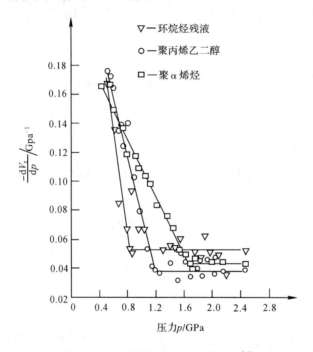

图 4-4　压力对润滑油密度的影响[4]

4.3.3　本构方程

润滑剂的性能除了黏度和密度外，润滑剂的剪应力与剪应变率之间的关系决定了润滑剂的流动特性和剪切发热，这种关系也称为润滑剂的本构关系方程，简称本构方程。1687年，牛顿用同心圆筒进行实验研究，提出了润滑油的线性关系定律，简称牛顿黏度定律，将剪应力与剪应变率之间是非线性关系的流体称为非牛顿体。

常见的本构方程如下：

I. Newton：

$$\tau = \eta\dot\gamma$$

假塑性和膨胀流体：

$$\tau = \phi\dot\gamma^n$$

Bingham 体：

$$\tau = \tau_\mathrm{s} + \phi\dot\gamma$$

润滑脂：

$$\tau = \tau_\mathrm{s} + \phi\dot\gamma^n$$

Ree - Eyring 体：

$$\dot{\gamma} = \frac{\tau_0}{\eta_0} \sinh\left(\frac{\tau}{\tau_0}\right)$$

Maxwell 体：

$$\dot{\gamma} = \frac{\tau}{\eta} + \frac{1}{G}\frac{d\tau}{dt}$$

Johnson – Tevaarwerk：

$$\dot{\gamma} = \frac{1}{G}\frac{d\tau}{dt} + \frac{\tau_0}{\eta_0}\sinh\left(\frac{\tau}{\tau_0}\right)$$

Bair – Winer：

$$\dot{\gamma} = \frac{1}{G_\infty}\frac{d\tau}{dt} - \frac{\tau_L}{\eta}\ln\left(1 - \frac{\tau}{\tau_L}\right)$$

B. J. Hamrock：

$$\tau = \begin{cases} \eta\dot{\gamma}\left[1 - \left(\dfrac{\tau}{\tau_L}\right)^2\right]^{0.5}, & \tau \leqslant \tau_L \\ \tau_L, & \tau > \tau_L \end{cases}$$

汪久根：

$$\tau = \begin{cases} \eta\dot{\gamma}\left[1 - \left(\dfrac{\tau}{\tau_L}\right)^4\right]^{0.25}, & \tau \leqslant \tau_L \\ \tau_L, & \tau > \tau_L \end{cases}$$

上述公式中：τ 为剪应力；$\dot{\gamma}$ 为剪应变率；τ_0 为特征应力；τ_L 为极限剪应力；η_0 为标准大气压下、温度为 25℃左右时的润滑剂动力黏度；n 为指数。

润滑油的非牛顿体特性的物理机制有玻璃态转变、切应变率稀化和剪切时间稀化。在高压下，润滑剂分子团被压缩而呈现玻璃态的固化现象，Bair – Winer 本构关系最早提出了极限剪应力关系，考虑了润滑剂的玻璃态转化而呈现的塑性行为。在高切应变率时，黏度随切应变率增大而降低，称为切应变率稀化。随剪切持续时间的延长，润滑剂高分子链被剪断，液体的表观黏度降低，称为剪切时间稀化。

润滑脂的流动一般都是非牛顿行为，此外润滑脂流动还有触变性。在剪应力低于触变应力 τ_p 时，润滑脂并不流动，只有当剪应力高于此值时，润滑脂才开始流动。常用的润滑脂本构方程有：

$$\tau = \tau_p + \left(\eta_s\frac{du}{dy}\right)^n$$

Bingham 体：

$$\tau = \tau_p + \eta\dot{\gamma}$$

Ostwalds 体：

$$\tau = b\dot{\gamma}^n$$

Palacios 体：

$$\tau = \tau_p + a\dot{\gamma} + \eta_b\dot{\gamma}^n$$

Herschel – Bulkley 体：

$$\tau = \tau_p + \eta\dot{\gamma}^n$$

4.2.4 物理化学活性

一般在零件的表面存在物理吸附膜、化学吸附膜和化学反应膜。物理吸附膜是润滑剂分子通过物理力(例如范德华力)吸附在表面,起到降低摩擦系数的作用(见图4-5)。化学吸附膜是润滑剂分子通过与表面原子的化学键结合而吸附在零件表面,也起到降低摩擦系数的效果(见图4-6)。当温度上升后,物理吸附膜和化学吸附膜分子的活性增加,脱离与表面的吸附结合,这时摩擦系数一般会增大。润滑剂分子或环境中分子与零件表面分子发生化学反应,形成化学反应膜(例如氧化膜)(见图4-7)。剪切强度低的化学反应膜也可以起到降低摩擦系数的作用;但是如果化学反应速度过大,则会在金属表面产生化学腐蚀磨损,这是应该避免的。

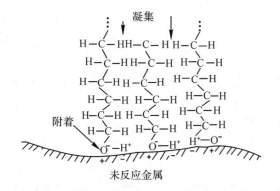

图4-5 油性剂分子的物理吸附[1]

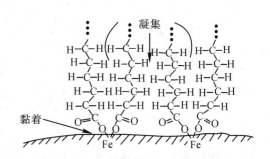

图4-6 活性油性剂分子的化学吸附[3]

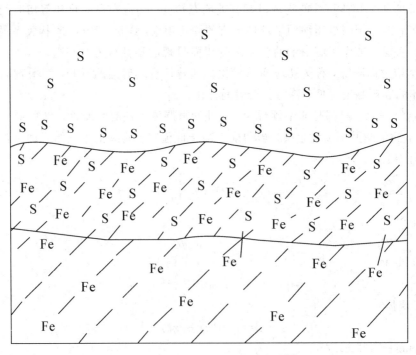

图4-7 硫系极压剂化学反应膜[3]

受润滑剂的活性成分的决定性作用,发生摩擦化学反应最活泼的分子结构为[5-7]:

(1)一般链状分子比环状分子的摩擦化学反应活性大且摩擦系数低。

(2)同一系列的链状分子中,分子量越大的受摩擦作用越大,致分子变形扭曲越剧烈,而激化活性越大,则摩擦系数越低。

(3)环状分子上的极性原子基团或双键结合起有害作用,但在链状分子上对降低摩擦阻力很有效果。

(4)链状分子的极性原子或其原子基团,在分子端位上的比在其他位置的对降低摩擦阻力更为有效。

(5)分子链长的,并在端位上有强力的极性原子或极性原子基团的化合物,对促进摩擦化学反应、降低摩擦阻力最为有效。

(6)链状化合物的链一端带有强力极性基的摩擦化学反应活性强,对降低摩擦系数很有效,而且随链长碳数增加而下降,但碳数在 10～12 以上则大体表示不变,因而改善润滑剂的油性剂(饱和脂肪酸)一般采用碳数 10～12 以上的脂肪化合物。但最近试验证明,C_{18} 的硬脂酸的减摩效果最好,而且加入量以 0.5%～1.0% 的效果最佳,可使摩擦阻力减少到 1/10～1/20,磨损减少到 1/20 000。

通常当化学吸附膜厚度在 10^{-4}～10^{-5} cm 时,摩擦系数表现出最低值,到分子膜层数 10 左右保持不变,7～9 层时为最低,但超过一定的界限数则摩擦系数增加。

4.2.5　润滑剂的其他性能

1. 润湿性与接触角

液体在固体表面的铺展性能也是评价润滑油的润滑性能参数之一,如图 4-8 所示。润滑油的润湿性用接触角 θ_1 来衡量。$\theta_1 < 90°$,则润滑油在表面的铺展性能好,即润湿性良好;反之,$\theta_1 > 90°$,则润滑性能差。在表面能为梯度分布的表面,液滴的铺展情形如图 4-8(c)所示,液滴处于不平衡状态[8]。液滴的平衡方程为

$$m\ddot{x} = \sigma_{lg,1}\cos\theta_1 - \sigma_{lg,2}\cos\theta_2 - \mu mg \tag{4-2}$$

式中:m 为液滴质量;$\sigma_{lg,1}$、$\sigma_{lg,2}$ 为液气界面表面张力;θ_1、θ_2 为液滴与梯度表面两位置的接触角;μ 为摩擦系数。

图 4-8 中,σ_{lg} 为液气界面表面张力;σ_{sg} 为固气界面表面张力;σ_{sl} 为固液界面表面张力。

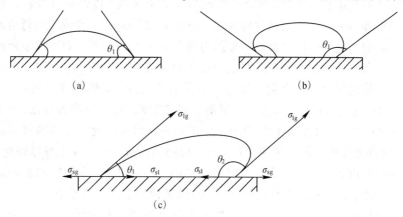

图 4-8　润湿性与接触角

2. 评价润滑油的理化参数

（1）润滑性（油性）。一般润滑剂的油性是指形成表面物理吸附膜的能力，对于低速重载或润滑不充分的场合，润滑性具有重要意义。

（2）极压性。常用的极压添加剂为含硫、氯、磷的有机极性化合物，在重载、高速、高温的情形下可以改善边界润滑性能。

（3）闪点。闪点是指加热润滑油，发生闪光的最低温度。润滑油的工作温度应比闪点低 30～40℃。

（4）凝点。凝点是指冷却润滑油，润滑油不能自由流动的最高温度，反映润滑油的低温工作性能。

（5）氧化稳定性。润滑油与空气中的氧发生化学反应，生成的酸性化合物腐蚀金属零件，加剧零件的磨损。

3. 润滑脂

依据皂基的不同，常用的润滑脂有钙基润滑脂、钠基润滑脂、锂基润滑脂、铝基润滑脂、脲基润滑脂。评价润滑脂的主要参数有针入度和滴点。

（1）针入度（或稠度）。在标准试验条件下，锥体刺入润滑脂的深度。针入度越小，表明润滑脂越稠。

（2）滴点。按规定的条件加热，润滑脂从标准测量杯的孔口滴下第一滴液体的温度，反映润滑脂的高温工作性能。实际使用中，润滑脂的工作温度应低于滴点20℃。

4. 常用的添加剂

（1）油性添加剂，常用的有脂类与盐类，可以提高生成边界膜的能力。

（2）极压添加剂，提高生成化学反应膜的能力。

（3）抗氧化剂，提高润滑剂的抗氧化能力。

（4）消泡剂，消除润滑剂中的气泡。

（5）降凝剂，降低润滑剂的凝点。

（6）黏度指数改进剂，改善润滑剂黏度随温度的变化情况。

根据性能和效用，润滑添加剂可以分为四类：形成物理吸附膜的油性剂、形成化学吸附膜的活性油性剂或缓和极压剂、形成化学反应膜的极压剂，以及具有各种性能的摩擦缓和剂。单分子物理吸附膜的油膜强度可高达 100～900 N/mm，对低负荷、低滑动速度的边界润滑有效。油酸的化学吸附膜可使摩擦阻力降低到 1/10～1/20，而零件表面的磨损可减少到 1/20 000。化学吸附所形成的边界润滑膜可以满足中等的负荷、温度、滑动速度的边界润滑要求。摩擦化学反应膜是化学反应性极压润滑剂分子，例如含有硫、磷、氯的化合物，这些化合物与金属表面发生反应，生成剪切强度很低、熔点较高的硫化、磷化、氯化金属盐膜，这种膜比物理吸附膜或化学吸附膜稳定和坚固得多。化学反应膜特别适于在高负荷、高温、高滑动速度的条件下使用，但这种反应膜润滑机理仅限于金属摩擦副。

油性添加剂是由分子极性较强的物质所组成的，在常温条件下，吸附在金属表面上形成边界润滑层，防止金属表面的直接接触，保持摩擦面的良好润滑状态。

极压添加剂能在高温条件下分解出活性元素与金属表面起化学反应，生成一种低剪切强度的金属化合物薄层，防止金属因在干摩擦或边界摩擦条件下而引起的黏着现象。

图 4-9 所示为温度对边界膜的摩擦系数的影响。图中曲线 I 是脂肪酸随温度变化时摩擦系数的变化。很明显，在临界温度以下，摩擦系数较低，当超过临界温度时，摩擦系数急剧上升；曲线 II 表示含有极压添加剂的润滑油随温度变化对摩擦系数的影响，在反应温度前，摩擦系数较高，达到反应温度后，摩擦系数下降并保持稳定；曲线 III 是极压添加剂和脂肪酸的混合物，它发挥了各自的长处，使得在低温和高温区都能保持较低的稳定的摩擦系数。

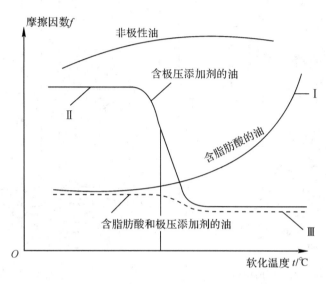

图 4-9　添加剂对摩擦系数的影响

4.3　润滑剂的类型和润滑剂的选择

目前常用的润滑剂有固体润滑剂、润滑油、润滑脂和气体润滑剂等，特殊场合还会采用液态金属、离子液体等作为润滑介质。润滑油等液体润滑剂不仅可以起到润滑作用，也可以起到冷却作用，是常用的润滑剂，可以分为植物油、矿物油和合成油。润滑脂的密封非常方便，也可以与固体润滑剂混合使用。常用的气体润滑剂是空气，在高速机械中得到广泛使用。固体润滑剂用在极高温、极低温、极高压、真空、极低速以下不允许污染或不易润滑的摩擦表面以及润滑油和润滑脂不能适应的场合。固体润滑剂有软金属和其他固体润滑剂。软金属常用的有金、银、铅、铟等。其他固体润滑剂有胶体二硫化钼、胶体石墨、微粒硼酸盐、氧化铅、聚四氟乙烯(PTFE)及聚酰亚胺等[9,10]。

二硫化钼晶体的 $1\mu m$ 厚度中可有 1700 个单分子层，二硫化钼在大气中至多耐 $350℃$，超过则开始氧化或分解(见图 4-10)。石墨大约耐 $550℃$(见图 4-11)，超过则氧化而失去润滑作用，但与某些黏结剂组合使用时，则可达 $1000℃$，还能用于真空条件下，而且在真空中的摩擦系数最小。聚四氟乙烯也可用于真空中的摩擦副，因聚四氟乙烯只由 C—F 结合构成，是具有低表面能的安定性物质，有非黏附性和低摩擦系数的特点，适用于低面压的滑动摩擦副(见图 4-12)。例如，在酚醛树脂材料中加入 MoS_2 或石墨复合材料制成的全寿命滚动轴承保持架等，在全寿命期内无需检修。

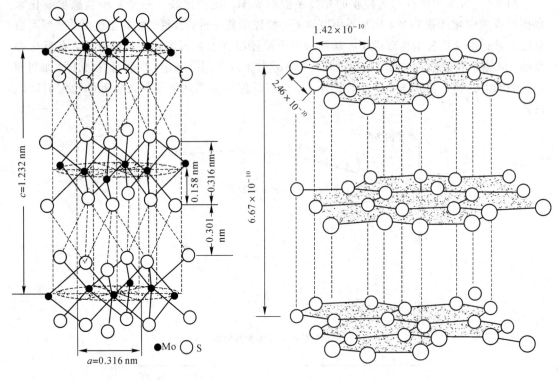

图 4-10　六方晶体二硫化钼的结构　　　　　　　　图 4-11　石墨的晶格

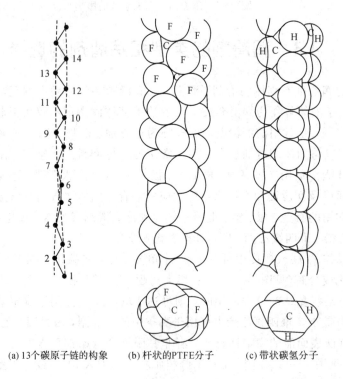

(a)13个碳原子链的构象　　(b)杆状的PTFE分子　　(c)带状碳氢分子

图 4-12　PTFE 的分子结构

近年来，为了节约能源，各国都大力开发和使用水基润滑油。特别是高水基液压油用量最大，几乎代替了 50％以上的液压油。这种水基液压油含水 95％，含油仅 5％，同时含有少量乳化剂、防锈剂、防腐剂、润滑性能促进剂及消泡剂等，其节油效果显著。高水基润滑液是 20 世纪 80 年代以来液压油发展的方向，聚乙二醇能溶于水，因此可用作难燃液压油。聚亚烷基醚不会使天然橡胶或合成橡胶溶胀，因此在使用中可以和橡胶零件接触。

润滑油含水 0.5％时，会使滚动轴承的耐用寿命缩短 39％，因而使用水基润滑油时必须加入高效抗疲劳、抗磨损性能的润滑性能添加剂。在新生金属摩擦面上，低负荷时磷系极压剂容易吸附，高负荷时硫系极压剂易于吸附，因而有些硫磷系极压剂也可减少摩擦化学疲劳。例如，用 V104C 泵和 ISO VG32 液压油在 13730 kPa、1500 r/min 条件下进行试验，当水分混入量超过 0.1％时对泵的磨损剧烈增加，超过 0.5％时甚至导致转子破损，因而一般润滑油都要将水分控制在 0.1％以下。

工程中三分之二的滚动轴承采用脂润滑，其润滑脂的选择标准如表 4-1 所示。使用润滑脂润滑时，润滑脂的初期膜厚比其基础油膜要厚，但脂膜的厚度随转速的增加而减小；如不补充加脂，润滑脂膜厚度则随着时间而减小，除低速外，其膜厚均比基础油膜要薄；稳定的润滑脂的膜厚比随转速的提高而减小，在高速条件下润滑脂膜厚相当于基础油膜厚的 70％；润滑脂膜厚与基础油黏度有密切的关系，若基础油黏度增大，则润滑脂的膜厚增加。

表 4-1 选择润滑脂的一般标准[5]

润滑脂组成 润滑部位的条件		皂基				非皂基	基础油的黏度			稠度			备注
		钙	钠	铝	锂		高	中	低	硬	中	软	
轴承	滑动	○	○	○	○	○	—	—	—	—	—	—	长期使用时要加抗氧剂
	滚动	○	○	▼	○	○	—	—	—	—	—	—	
环境	接触水分	○	▼	○	○	○	—	—	—	—	—	—	钠基脂中加入其他耐水性皂基，可提高一定的抗水性，复合皂基脂可用于较高温度条件
	接触化学介质	▼	▼	▼	▼	○	—	—	—	—	—	—	
使用条件	轴承温度 高	▼	○	▼	○	○	○	▼	▼	○	○	▼	
	轴承温度 中	○	○	○	○	○	▼	○	○	○	○	○	
	轴承温度 低	○	▼	○	▼	▼	▼	▼	○	▼	○	○	
	速度条件 大	▼	○	▼	○	○	▼	○	○	▼	○	▼	复合皂基脂也可用于较高速度条件下，必要时可加极压添加剂
	速度条件 小	○	○	○	○	○	○	▼	○	▼	○	○	
	负荷 大	○	○	○	○	○	○	▼	▼	○	○	▼	
	负荷 小	○	○	○	○	○	▼	○	○	▼	○	○	
	冲击负荷	▼	○	○	▼	▼	○	○	○	▼	○	▼	

续表

润滑脂组成 润滑部位的条件		皂基				非皂基	基础油的黏度			稠度			备注
		钙	钠	铝	锂		高	中	低	硬	中	软	
供脂方式	人工	○	○	○	○	○	○	○	○	○	○	▼	—
	脂杯	○	○	○	○	○	○	○	○	○	○	○	
	压力注脂器	○	○	○	○	○	▼	○	○	▼	○	○	
	集中	○	▼	○	○	○	▼	○	○	▼	○	○	

注：○—适用；▼—不适用。

目前各国都强调对用过的润滑油进行再生处理，较之从原油中提炼润滑油的过程要简单得多。各种用过的润滑油的再生率为：内燃机油为 $75\%\sim85\%$，机械油为 $85\%\sim90\%$，变压器油为 $90\%\sim92\%$，各种杂油为 $68\%\sim80\%$。另一方面，一桶废油流入湖海能污染 $3.5\ km^2$ 的水面，破坏生态平衡，后果极其严重。我国废油回收率达新润滑油的 14.5%，而德国则高达 37%。

自从 1970 年以来，可生物降解的润滑剂(又称为绿色润滑剂)日趋在工业中得到应用。目前可生物降解的润滑剂产量已占润滑剂的 10% 左右，并且使用量以较高的速度(10%)增长。

图 4-13 所示为常用润滑剂的使用范围。表 4-2 列出了不同固体润滑剂的使用温度。

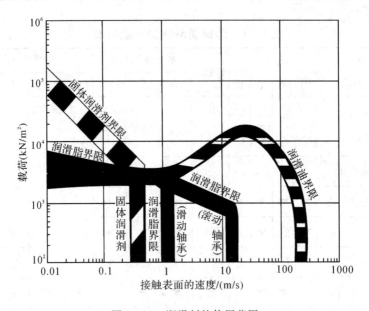

图 4-13　润滑剂的使用范围

表 4-2　固体润滑剂的使用温度

固体润滑剂	使用温度范围/℃	备　注
石墨	$-270\sim1000(\sim2500)$	熔点 3500℃，450～500℃时氧化，中间温度有时不起作用
二硫化钼	$-270\sim350(\sim900)$	熔点 1250℃，380～450℃时氧化
二硫化钨	$-270\sim450(\sim900)$	熔点 1200℃，红热温度时氧化

固体润滑剂	使用温度范围/℃	备　注
聚四氟乙烯	−270～260	—
氟化石墨	约 400	约 400℃时分解
酞菁	约 500	500℃时升华
氮化硼	500～800	熔点 2700℃，700℃时氧化，低温时难起作用
氧化铅(PbO)	200～650	熔点 850℃，370℃～480℃时变为 Pb_3O_4，550℃以上仍为 PbO，低温时无效
氟化钙系混合物	250～900	低温时无效
氧化物-石墨混合物	−270～600	应用时加入石墨防氧化剂
氧化铜(CuO)	500 以上	低温时无效
钼酸盐	500 以上	低温时无效
银	150～500	—
原位生成润滑反应膜	约 800	根据材料综合选择

空气作为润滑剂时，空气的黏度显著低于润滑油的黏度，因此摩擦发热小得多。空气既不需特别制造，用过之后也无需回收，常常用于高速、轻载的滑动轴承设计。与润滑油和润滑脂相比较，空气润滑剂的主要优点有：摩擦系数低；润滑剂没有环境污染；黏度随温度变化小，且随温度升高时黏度增大。空气润滑剂的主要缺点有：黏度低，因此承载力很小；气体轴承容易产生涡动和气膜振荡；气体轴承的节流器加工精度要求高。

4.4　几种润滑原理

在润滑原理的演化过程中，人们认识到几种不同的润滑原理，如固体润滑、流体动压润滑、弹流润滑、静压润滑和挤压润滑原理。对于润滑原理的发现仍在发展之中，下面对前四种润滑原理作简单介绍。

1. 固体润滑

将固体润滑剂在相对运动表面上制成固体干膜，如图 4-14(a)所示。两个表面在相对运动过程中，固体润滑剂分子之间相互剪切，大幅度降低了摩擦系数，减少了磨损。另一

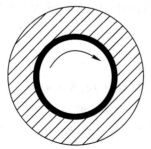
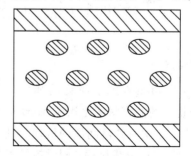

（a）制成固体干膜　　　　　　　　　　（b）镶嵌在零件内

图 4-14　固体润滑

种使用固体润滑剂的方法是将固体润滑剂镶嵌在零件内，如图 4-14(b)所示。第三种固体润滑的方式是将固体润滑剂加入润滑油或润滑脂中，起到润滑的功能。

2. 流体动压润滑

英国铁路工程师 Tower 在 1883 年认识到火车中滑动轴承内压力的存在。1886 年，Reynolds 给出了流体动压润滑的基本方程——雷诺(Reynolds)方程。两个相对运动的同心圆筒(见图 4-15(a))之间不能产生流体动压力；但是，如图 4-15(b)所示的偏心圆筒之间，如有一定方向的相对运动，则在楔形间隙内产生流体动压力，可以承受外界载荷。通过理论与实验研究，人们认识到只要满足以下三个条件，就能实现流体动压润滑。

(1) 相对滑动的两个表面间必须有形成收敛的楔形间隙。

(2) 两个表面间必须有相对滑动速度，且滑动表面带油从大口流进，从小口流出。

(3) 润滑介质必须有一定的黏度，供应充分。

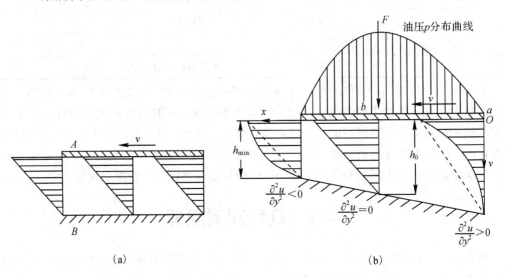

图 4-15　流体动压润滑

二维流体动压润滑方程为

$$\frac{\partial}{\partial x}\left(\frac{\rho h^{3}}{\eta}\frac{\partial p}{\partial x}\right)+\frac{\partial}{\partial y}\left(\frac{\rho h^{3}}{\eta}\frac{\partial p}{\partial y}\right)=6\left[\frac{\partial}{\partial x}(\rho U h)+\frac{\partial}{\partial y}(\rho V h)+2\rho\frac{\partial h}{\partial t}\right] \qquad (4-3)$$

式中：$U\rho\dfrac{\partial h}{\partial x}$、$V\rho\dfrac{\partial h}{\partial y}$ 为动压项；$h\dfrac{\partial U}{\partial x}$、$\rho h\dfrac{\partial V}{\partial y}$ 为伸缩项；$Uh\dfrac{\partial \rho}{\partial x}$、$Vh\dfrac{\partial \rho}{\partial y}$ 为密度项；$\rho\dfrac{\partial h}{\partial t}$ 为挤压项。

3. 弹流润滑

1949 年，Grubin 考虑了简化的弹性变形效应和压黏效应耦合的弹流解析解，而且 Grubin 理论提出的油膜厚度比相应 Martin 解要大 1~2 个数量级。他的工作成为弹流研究的开端，使人们首次对弹流润滑的机理及其基本特征有了较为完整的认识，满意地解释了线接触下润滑油膜的形成机理，同时提供了弹流理论研究中一种简便的解法。应当指出的是，Grubin 假设只是在重载工况下才符合实际情况，并且他只考虑了接触区入口的情况，而对接触区及其出口处的特征没有进行细致的研究。

1959 年，Dowson 和 Higginson[1]针对重载工况，首次采用他们提出的逆解法获得了一组线接触弹流等温解（见图 4 - 16(a)）。

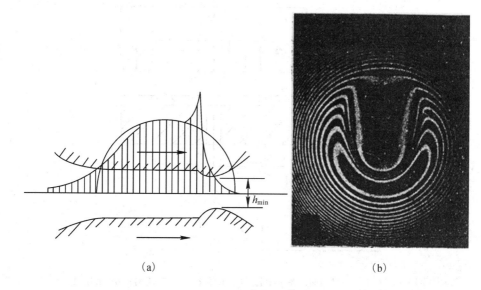

(a)　　　　　　　　　　　　　(b)

图 4 - 16　弹流润滑

Kirk(1961)、Gohar 和 Cameron(1963)用光干涉法测量了点接触弹流的油膜厚度和形状(见图 4 - 16(b))。Archard 和 Cowking(1965 — 1966)第一次对点接触问题进行了等黏度情况的 Grubin 型简化分析，提出了中心膜厚计算公式。

弹流润滑膜在出口有颈缩现象，在出口区流体压力有二次压力峰存在。1984 年以来，在热效应、非牛顿体弹流和部分膜弹流(混合润滑)、挤压弹流和脂润滑弹流研究方面，有了广泛深入的研究。弹流润滑理论在滚动轴承、齿轮传动、蜗杆传动、滑动轴承、活塞环等设计中，也有了深入的应用研究[3,11]。

4. 静压润滑

液体静压润滑是用油泵把高压油送到轴承间隙里，强制形成油膜，靠液体的静压平衡外载荷的一种承载方式。图 4 - 17 所示为静压润滑原理示意图。节流器 5 是静压润滑的关键零部件，油泵提供的压力为 p_s，油经节流器后进入油腔，并产生压力。图 4 - 18(a)为毛细管节流器，图 4 - 18(b)为小孔节流器，图 4 - 18(c)为滑阀节流器，图 4 - 18(d)为薄膜节流器。一般在载荷较小时采用毛细管或小孔节流器，而在载荷高时采用滑阀或薄膜节流器。

以轴承为例，液体静压轴承与动压轴承相比，其特点为：

(1) 润滑状态和油膜压力与轴颈转速大小基本无关，即使轴颈不旋转也可以形成油膜。速度变化以及转向改变对油膜刚性的影响很小。

(2) 提高油压 p_s 就可提高承载能力，在重载条件下也可获得流体膜润滑。

(3) 由于机器在启动前就能建立润滑油膜，因此启动力矩小，即使经常启动和停车，轴颈与轴承工作表面亦始终被油膜隔开，轴承基本上不磨损，寿命长，能经久保持精度。

液体静压轴承总体来说，特别适用于低速、重载、高精度以及经常启动、换向而又要求良好润滑的场合，但需附加一套复杂而又可靠的供油装置，致使轴承费用大为增加；另外，

供油系统本身也会消耗相当一部分能量，经济上不合算，非必要时不采用。

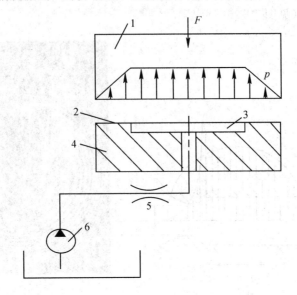

1—运动件； 2—封油面； 3—油腔； 4—承导件； 5—节流器； 6—液压泵

图 4-17　静压润滑原理示意图

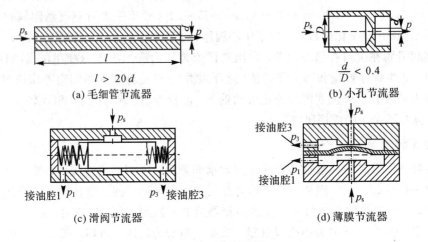

图 4-18　节流元器

思 考 练 习 题

4.1　如何根据 Stribeck 曲线来判断摩擦副的润滑状态？

4.2　混合摩擦有哪些特点？

4.3　润滑油的黏度方程的物理意义有哪些？

4.4　润滑油的密度方程的物理意义有哪些？

4.5　润滑剂的本构方程有哪些机械力学意义？

4.6　摩擦副的表面膜有几类？各类表面膜有哪些特性？

4.7　固体润滑的方式有哪几种？

4.8　流体动压润滑与弹流润滑之间有哪些区别与联系？

4.9　流体静压润滑与流体动压润滑有哪些异同点？

参 考 文 献

［1］　Zhai Wenjie，Ao Hongrui. Design of Machine Elements［M］. Harbin：Harbin Institute of Technology Press，2007.

［2］　Cameron A. Basic Lubrication Theory［M］. New York：Wiley & Sons，1981.

［3］　张鹏顺，陆思聪. 弹性流体动力润滑及其应用［M］. 北京：高等教育出版社，1995.

［4］　Hamrock B J，Jacobson B O，Bergström S I. Measurement of the density of base fluids at pressures to 2.2 GPa［J］. ASLE Transactions，1987，30(2)：196－202.

［5］　欧风，李晓. 应用摩擦化学的节能润滑技术［M］. 北京：中国标准出版社，1991.

［6］　王汝霖. 润滑剂摩擦化学［M］. 北京：中国石化出版社，1994.

［7］　董浚修. 润滑原理及润滑油［M］. 2 版. 北京：中国石化出版社，1998.

［8］　汪久根，周峰. 梯度辟水涂层表面上的流动分析［J］. 润滑与密封，2004(6)：8－9.

［9］　Bhushan B. Principles and Applications to Tribology［M］. 2nd ed. New York：John Wiley & Sons，2013.

［10］　Williams J A. Engineering Tribology［M］. Oxford：Oxford University Press，1994.

［11］　Wang Jiugen，Tan Jianrong. Numerical simulation of traction in rolling/sliding contacts ［J］. Journal of Tribology，1997，119：869－874.

第5章 典型表面摩擦学设计

塑性指数 $\Psi=(E^*/H^*)(\sigma^*/R^*)^{1/2}$ 涉及两表面材料的力学性质部分和表面形貌的几何部分。力学性质部分涉及一对配副材料的力学性质,如硬度和弹性模量;表面几何部分涉及表面粗糙度和表面微凸体的平均曲率半径。提高较软表面的硬度,有利于实现弹性接触,改善耐磨性。

从机理上看,摩擦分为黏着摩擦(μ_a)和犁沟摩擦(μ_p)两部分,即 $\mu=\mu_a+\mu_p$。黏着摩擦 $\mu_a=\tau/H$,与材料有关,要求较软表面具有低剪切强度、高的基体硬度,从而降低滑动摩擦系数。因此表面镀膜技术在摩擦学中发挥着极大的作用,与摩擦学有着不可分割的联系。犁沟摩擦 μ_p 与变形有关,要求尽可能平坦的表面以减小表面粗糙微凸体引起的犁沟,同时若基体硬度提高,可减小产生犁沟的深度。从这两方面都可以减小犁沟摩擦系数,反之则可增大摩擦系数。

Archard 磨损公式适于所有的磨损类型,阐明了硬度在磨损过程中的作用,提高一对摩擦副中的较软材料的硬度,可提高摩擦系统的耐磨性,减小磨损量。因此在不影响材料韧性的前提下,能够提高材料硬度的技术成为提高摩擦学材料耐磨性的基本手段。

5.1 表面涂层技术

表面是摩擦学研究的对象或载体,表面工程技术是改善表面的摩擦学性能的重要手段。各种表面工程技术,如离子注入、等离子体喷涂、气相沉积、激光表面处理、低能表面涂层等,不断推陈出新,在工业中显示出了极强的生命力。

5.1.1 微/纳米薄膜涂层

微/纳米薄膜涂层泛指厚度小于 20 μm 的涂层。薄膜涂层的制备方法主要有物理气相沉积(PVD)、化学气相沉积(CVD)、等离子体辅助化学气相沉积(PCVD)、离子束辅助沉积(IBAD)以及离子注入等。该类涂层发展经历了三个阶段,目前已达到第五代。第一阶段为 20 世纪 80 年代,为第一代涂层,主要包括过渡金属的氮化物和碳化物为主的单层(或单组分)涂层 TiC、TiN、ZrN、CrN 等;第二阶段为 20 世纪 90 年代,主要包括第二代 TiCN、TiAlN、TiAlCN 及润滑膜等多元复合金属的化合物涂层和 TiN/ TiCN、Al_2O_3/ TiN 等多层复合涂层的第三代涂层;第三阶段为 21 世纪,主要包括金刚石或类金刚石(DLC)、C_3N_4、c-BN 等超硬涂层,第四代的梯度、超点阵、具有纳米结构的复合减摩耐磨涂层,第五代的智能涂层[1]。

1. 单层(或单组分)涂层

单层涂层主要有：TiC、TiN、TiAlN、TiCN、DLC、W_2C、WC/C、MoS_2、金刚石、软金属和一些聚合物涂层。如用离子束沉积法在轴承钢的试盘表面制备金属银涂层，在与轴承钢钢球干摩擦时，其磨损方式与 pv 值有关，表现为三种形式：第一种为轻微磨损，磨损系数小于 10^{-6}，此时银涂层没有发生破坏；超过临界值后，银涂层开始出现损坏，并在对摩件上形成转移膜，从而进入了第二种磨损形式，此时涂层对摩擦表面依然有保护作用，其磨损系数为 $10^{-5} \sim 10^{-4}$；随着 pv 值的进一步增大，材料的磨损进入第三种方式，即剧烈磨损，其磨损系数大于 10^{-3}，无转移膜[2]形成。

单层涂层的发展趋势重点在于制备能适应大范围摩擦学应用的新型成分和结构优化的涂层系统。为满足特殊环境需要，碳基薄膜如 DLC(类金刚石)膜，因其独特的结构及可掺杂性、优良的力学性能、化学惰性以及摩擦学性能，特别是针对如改善 DLC 膜内应力和界面结合力的合金化技术、纳米复合技术等，将会进一步改善膜的性能。

2. 多元和多层复合涂层

多元和多层复合涂层的目的在于通过多种涂层的复合化协同效应，在材料表面获得相对于单层涂层更高性能的复合改性层，以改善在复杂环境，特别是极端条件下的表面保护能力。多元和多层复合涂层的制备特点是采用两种或两种以上的表面工程技术，获得任何单一技术不能达到的、具有良好综合性能的复合表面(或表层)。

复合涂层主要基于以下四个方面进行设计[3]：

(1) 外层：主要考虑涂层剪切强度、与环境的化学反应性和表面粗糙度。

(2) 主体层：主要考虑硬度、弹性、断裂韧性、热稳定性和热传导特性。

(3) 界面：主要考虑层间结合力、承载能力和剪切强度。

(4) 基体：主要考虑热膨胀、弹性、断裂韧性、硬度和热传导特性等。通过多层复合涂层的合理设计，在增加涂层与基体结合力、提高承载能力、改善抗裂纹扩展能力和降低表面残余应力的基础上，就有可能显著提高涂层的摩擦学性能。以摩擦学应用为目的的复合涂层技术必须考虑不同处理方法在冶金学、力学、物理和化学等方面的相互作用，如基料选择的合理性和表面粗糙度、处理层的匹配及其结合力、膜厚和硬度等因素。

多相涂层与低剪切强度软膜的复合将极大地改善涂层的摩擦学性能。复合涂层应用于发动机缸套的铝合金，取代铸铁材料并采用复合涂层处理技术(顶层 MoS_2 ＋ WC/Co)，显示出更好的摩擦学性能[4]。DLC/WC 复合涂层用于齿轮和轴承表面，改善了循环接触疲劳性能。图 5-1(a)所示为多层复合结构。

功能梯度涂层通过沉积技术的控制达到成分的梯度化，如硬相 TiAlN 与存在于顶层的软相 MoS_2 的结合，为改善 DLC 基涂层结合力而添加金属元素以增加 DLC 涂层的耐磨性能[5]，克服涂层制备及使用过程中的缺陷，提高涂层性能[6]。图 5-1(b)所示为多层梯度结构。

WC/DLC/WS_2 纳米混合物涂层在空间系统中也具有明显的自适应现象，即纳米晶和随机取向的 WS_2 晶的晶化和再取向、非晶 DLC 的石墨化、WS_2 和石墨的转移膜随环境的干潮循环可逆性转变、DLC/WS_2 的协同效应。这些现象可称为智能涂层的雏形。

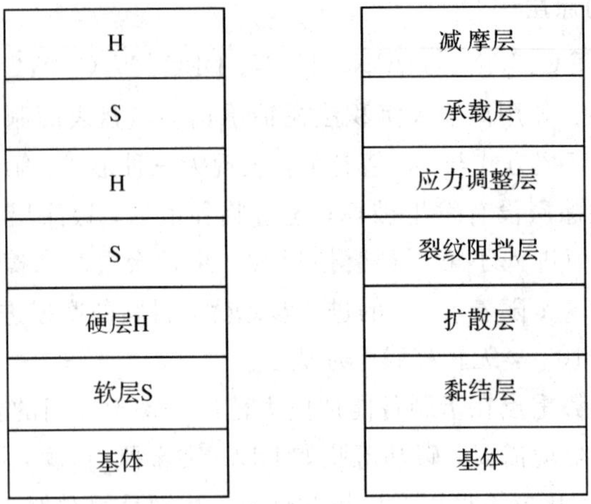

H	减摩层
S	承载层
H	应力调整层
S	裂纹阻挡层
硬层H	扩散层
软层S	黏结层
基体	基体

(a) 耐磨层　　　　　　　　(b) 梯度功能层

图 5-1　表面多层涂层示意图

3. 薄膜涂层摩擦学机理

影响表面涂层摩擦行为的主要因素包括：

(1) 涂层和基体硬度；

(2) 涂层厚度；

(3) 表面粗糙度；

(4) 磨屑大小和硬度。

一般认为，摩擦时在涂层表面或微凸体顶端形成了低剪切强度转移膜，从而构成了新的摩擦副，使得摩擦发生于转移膜之间。但转移膜的形成及其结构和其在摩擦过程中的行为却众说纷纭。

5.1.2 其他表面处理技术

1. 激光表面处理

激光表面处理的内容丰富，应用面广。近年来在汽车、摩托车气门密封面激光熔覆，机车气门、大型柴油机气门的激光熔覆修复，冶金行业热轧辊的激光表面合金化，冶金行业螺纹钢轧辊激光表面淬火，冶金行业轧辊轴承位的激光修复，石化行业关键件的表面激光修复，印刷机械印刷辊的表面修复，涡轮叶片的激光熔覆修复等方面都取得了很好的应用成果。

以钛合金为代表的金属结构材料的表面保护一直是影响其性能发挥的主要因素。钛合金比强度高、比模量高、耐蚀性高，是航天、航空、海洋工程等领域广泛使用的材料。但是，钛合金的摩擦学性能不好，易于黏着，磨损大，同时由于钛的特殊化学惰性，普通的表面处理方法难以在其表面生成理想的摩擦学功能涂层。目前，激光熔覆、激光表面合金化、激光氮化等技术已经取得了一定的成功。但是，相应的摩擦学研究工作开展得非常少。

钛合金激光表面气体氮化是提高材料表面硬度和磨损性能的表面改性技术。通过聚焦的激光束使置于氮气环境下的钛合金表面熔化，并且与活性氮原子交互作用，在冷却过程中获得氮化钛表面层。

激光熔覆是 20 世纪 70 年代随着激光技术发展起来的一种新工艺，与原有的电弧堆焊、火焰喷焊和等离子喷焊等技术相比，其能量密度更高，热影响区更小。根据激光熔覆钴基合金的研究，激光熔覆合金层具有比等离子喷焊、电弧堆焊合金层更高的硬度、更好的耐腐蚀性能和抗冲击磨损性能，是一种极具发展潜力的工艺。

2. 喷涂表面处理

爆炸喷涂是以突然爆发的热能加热熔化喷涂材料并使熔粒加速的热喷涂方法。一般用氧/乙炔混合气体在枪内由电火花塞点火发生爆炸，产生热量和压力波。爆炸喷涂粒子的飞行速度高，因此可获得较好的涂层质量。

爆炸喷涂与其他喷涂工艺相比有很多优点：

（1）爆炸喷涂涂层结合强度高、致密、孔隙率低。喷涂时，由于粉末颗粒迅速被加热、加速，半熔粉末对基体的撞击力大，所以涂层结合强度高，喷涂陶瓷粉末可达 70 MPa，喷涂金属陶瓷粉末可达 175 MPa，涂层致密，孔隙率＜2%。

（2）工件热损伤小。爆炸喷涂是脉冲式喷涂，热气流对工件表面作用时间短，因而工件的温升不高于 200℃，不会造成工件变形和组织变化。

（3）涂层均匀，厚度易控制。爆炸喷涂每次喷涂形成的涂层厚度约为 6 μm，所以涂层的厚度均匀、易控制，工件加工余量小。

（4）涂层硬度高；耐磨性好。涂层材料相同时，爆炸喷涂形成的涂层硬度更高、耐磨性更好，硬质合金涂层硬度可达 1100 HV。纳米涂层是爆炸喷涂涂层的新的发展方向。

高速火焰喷涂（High Velocity Oxygen Fuel，HVOF），也称超音速火焰喷涂，是 20 世纪 80 年代发展起来的一种高速火焰喷涂法，具有火焰速度高（2000 m/s）及喷涂温度相对较低（3000℃）的特点，特别适用于制备具有优良耐磨性的金属陶瓷涂层。近年来在国际上受到广泛关注，以超音速火焰喷涂 WC－Co、WC－CoCr、WC－Ni 等为代表的碳化物金属陶瓷涂层已广泛应用于汽轮机叶片等。我国投入使用的水轮机叶轮已经开始应用 HVOF 喷涂的 WC－Co 作为抗泥沙磨蚀保护涂层。

5.2　耐磨热处理技术

各种材料热处理为解决材料硬度提供了保障。齿轮、滚动轴承等高副接触要求零部件整体具有较高的硬度，以承受接触区达到数吉帕的高接触应力。与此相反，滑动轴承等低副表面要求具有较高的相容性和减摩性，通常使用软质表面，不必使用提高硬度的热处理技术。

美国能源部（DOE）、金属学会的热处理学会（ASM‐HTS）和热处理协会（HTI）从 1997 年开始花了七年时间筹备，于 2004 年正式公布了美国热处理技术发展路线图（Heat Treating Technology Roadmap Update‐2004 HTS Revision），其目的是为了提高热处理的生产技术水平和经济效益。"美国热处理技术发展路线图"的设想目标是到 2020 年，能源消耗减少 80%，工艺周期缩短 50%，生产成本降低 75%，热处理实现零畸变和最低的

质量分散度，加热炉使用提高到原先的 10 倍（增加 9 倍），加热炉价格降低 50%，实现生产零污染。热处理过程中的耗能是巨大的。钢件热处理的奥氏体化（或固溶处理）过程通常在 900～1100℃ 之间进行（高速钢淬火加热需 1250～1280℃），铝合金的固溶化处理温度在 500℃ 以上。

随着机械产品市场的激烈竞争，热处理技术发展十分迅速，美国 2020 年热处理技术发展路线图的制定和实施更加速了其发展进程。目前我国机械产品和世界先进水平之间存在的差距达 20 年；热处理装备与技术和美国的水平存在着很大的差距。

为了提高零部件的耐磨性，热处理是广泛使用的方法。本节侧重介绍针对表面进行的热处理工艺。

5.2.1　感应加热

感应加热表面淬火是利用通入交流电的加热感应器在工件中产生一定频率的感应电流，感应电流的集肤效应使工件表面层快速加热到奥氏体温度，立即冷却后，工件表面将获得一定深度的淬硬层。根据频率感应加热可划分为：高频（100 ～ 1000 kHz），淬深 0.2～2 mm，适用于中小型齿轮、轴类零件；超音频（20 ～ 40 kHz，因为音频频率为 20 Hz～ 20 kHz），加热深度、厚度为 2～3 mm；中频（1～10 kHz），加热深度为 2～10 mm，一般用于直径大的轴类和大中模数的齿轮加热；工频（50 Hz），加热淬硬层深度为 10～20 mm，一般用于较大尺寸零件的透热，大直径零件（直径 300 mm 以上，如轧辊等）的表面淬火。零件硬化层较深、组织细密、变形小、热效率高、生产率高，广泛应用于曲轴、汽车和拖拉机的半轴、钢轨和道叉、重型齿轮、轧辊等的热处理。

5.2.2　化学热处理

1. 气体渗氮

气体渗氮是渗氮中最古老而又流行的一种化学热处理。它一直用于飞机和船舶发动机中汽缸、机床主轴等的表面硬化。氨（NH_3）作为供氮介质渗氮时，是将氨气通入加热至渗氮温度的密封渗氮罐中，使其分解出活性氮原子并被钢件表面吸收扩散形成一定厚度的渗氮层。氨气在 380℃ 以上与铁接触后分解出活性氮原子，它被钢件表面吸收并溶解在 α-Fe 中形成固溶体，当含氮量超过溶解度时即形成氮化物 FeN、Fe_2N 等。

2. 液体渗氮

液体渗氮又叫盐浴渗氮处理，是在 1940 年提出的。此法以氰化盐（KCN、NaCN）为盐浴的主要成分。后经多次试验改进为盐浴软氮化，是在以钛作为内衬的坩埚中进行的。所用盐浴是氰化盐和氰酸盐（KCNO、NaCNO）的混合物。在处理过程中不断将空气吹入盐浴中，以使氰酸盐浓度保持恒定。软氮化加热温度比气体渗氮高，通常为 570～580℃ 左右。其优点是可用于任何钢种而且热处理时间短，一般为 0.5 ～ 3 h，主要缺点是无论原料蒸气、废盐、废水都具有剧毒，对生物和环境有毒害。

盐浴法[7]朝着低毒性的方向发展，如法国 Hydromechanqneet Frottement Centre 的 Sursuif 工艺、德国 Degussa 公司的 TH，均用来代替原来的毒盐浴氮碳共渗，即 Tufftride

和 Sulfinuz 工艺。国内也开发了具有同样效果的盐浴氮碳或硫氮碳工艺。目前广泛使用气体法代替氰盐法，如英国 Lucas 公司的 Nitemper 和 Mitrotec 工艺。我国也广泛使用了氨/渗碳气氛的气体氮碳共渗，除环境因素外，较高的效率、易于控制和较好的劳动条件也是重要的考虑因素。但气体法排出的废气对车间空气仍有一定污染，所以近年来也朝着环境友好的离子渗氮、离子氮碳共渗的方向发展。

3. 离子渗氮[8]

离子渗氮是一项可以显著提高钢铁零件表面抗磨耐疲劳和耐腐蚀性的表面处理工艺。它是在 1932 年由德国的 B.Berghaus 发明的，1967 年左右在德国和瑞士开始被实用化。20世纪 70 年代在我国迅速发展。由于渗透快、表面质量好，离子氮化有逐步取代传统气体氮化工艺的趋势。

图 5-2 所示为目前一种常用的渗氮炉。离子渗氮时，工件置于阴极盘上，炉壁为阳极，在阴阳极之间加以数百伏直流/脉冲偏压，炉内低压氮氢气体被电离，在电场的作用下以较大的能量轰击工件表面，产生大量的热量把工件加热到一定的温度，同时放电产生的活性氮在工件表面发生吸附、化合、扩散的物理化学反应，形成中性的氮化铁（FeN）分子，在渗氮温度下，FeN 分子又迅速分解为含氮较低的 Fe_2N、Fe_3N、Fe_4N 等各级氮化物。

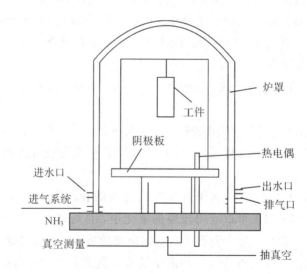

图 5-2　渗氮炉结构[8]

离子氮化的工艺特点如下：

（1）渗层组织易于控制，可以通过对离子渗氮气氛组成、气压流量、放电产物等参数对渗层组织进行控制。渗层脆性小，变形小，往往可不经过磨削直接使用。

（2）渗入速度高，比普通气体渗氮快 1/2～1/3，适用的工艺温度范围为 400～650℃，可以有效减小被加工制件的热应力和内应力释放，防止制件变形。

（3）适用于多种材料。离子氮化不仅可用于含 Cr、Al、V、Ti、Mo 等低中碳结构钢、热作模具钢、高合金工具钢，还可以处理铸铁、不锈钢、耐热钢、钛合金等。

（4）工件精度稳定性高。

（5）离子氮化可以提高氮化工件的多次冲击抗力。这是由于渗氮表层的残余应力所致，例如曲轴连杆热锻模的锻打次数比氮化前增加了 30％以上。

（6）耐磨性提高。离子氮化后工件的耐磨性优于高频淬火，可与渗碳淬火相媲美，但渗氮的扩散层厚度比渗碳层薄，因此离子渗氮经常作为最后一道工序使用。

（7）抗咬合性与抗黏着能力也有很大提高。经离子氮化后的齿轮铝压铸模具（3Cr2W8V）压铸次数由原来的几十次增加至连续压铸 4500 次才出现轻微黏铝现象。氮化层表面硬度高、氮浓度高，增加了表面的抗黏性能，从而降低摩擦系数和材料的咬合倾向。

（8）离子氮化可提高工件的抗大气腐蚀能力。

（9）离子渗氮的缺点主要在于复杂零件的装夹、不同的零件同炉渗氮时各部分的温度难以均匀一致；等离子体直接产生在工件上而引起的打弧、边缘效应，阻碍了离子渗氮技术的推广应用。近年来出现了一些新的离子渗氮技术，如活性屏离子渗氮、等离子体源离子渗氮、离子注入离子渗氮等。微波等离子渗氮（MIP）比直流电激发（DC）等离子渗氮有明显优点。

4. 复合表面处理

通常情况下对于在高速重载、高温、严重腐蚀介质等条件下工作的零部件的表面性能要求苛刻，单一的表面技术由于其固有的特点和局限性往往不能满足这些要求。因而出现了将两种和多种表面技术以适当的顺序和方法加以组合，或以某种表面技术为基础制造复合涂层和表面改性的一些技术，即复合表面技术。复合表面处理可获得优良的综合表面性能，常见的主要处理方法有：

（1）离子渗氮与 PVD 复合处理，如在表面离子渗氮基础上进行 TiN 或 CrN 的 PVD 复合处理；

（2）铝合金上用微弧氧化法包覆陶瓷层。该工艺可获得厚为 $1 \sim 500~\mu m$、硬度为 $1000 \sim 2500~HV$ 的陶瓷包覆层，抗腐蚀性提高 $5 \sim 10$ 倍，而且包覆层还可用电火花法处理，以进一步优化其性能。

在 32Cr2MoV 钢离子氮化后，离子镀 TiN 陶瓷膜的表面硬度比基体上直接镀 TiN 陶瓷膜的表面硬度高。离子渗氮可以获得较厚的硬化层，且与基体之间不存在结合的问题，但是表层的硬度不高。而离子镀陶瓷膜层具有高硬度的特点，不足之处是膜层较薄。在软基体上难以发挥其优点。利用离子渗氮和离子镀复合处理技术，可提高齿轮表面硬度，降低摩擦系数，增加其耐磨性能，延长齿轮寿命[9]。

钛及其合金具有低密度、高耐腐蚀性、较高的疲劳强度和良好的可塑性，但是由于其耐摩擦磨损性能较低，通常对钛及其合金进行表面处理，例如，热喷涂、阳极氧化、离子注入、辉光放电辅助渗氮或者碳氮共渗。在钛合金上进行化学镀镍层的厚度为 $5~\mu m$、辉光放电辅助渗氮处理后，耐磨性可提高十几倍。

5.2.3 真空热处理

真空热处理设备始于 20 世纪 20 年代，但是其真正发展还是从 20 世纪六七十年代开始的，主要是因当时市场的需求及材料的研究发展（石墨技术）。

真空热处理工件在真空状态加热可以避免常规普通热处理的氧化、脱碳，避免氢脆，变形量相对较小，从而提高材料零部件的综合力学性能。经真空热处理后的部件寿命通常是普通热处理的寿命的几十倍，甚至几百倍。虽然真空热处理是一项传统的热处理技术，但由于它具有无氧化无脱碳、畸变小、表面质量好、高温均匀性好等优点，目前众多厂家仍将其作为热处理中的一项重要技术而广泛应用。

提高真空炉的冷速是真空热处理技术发展的焦点。20 世纪 70 年代普遍采用油冷，到 80 年代发展了高压高流率气冷真空炉，90 年代以来冷却用气体压力的使用有增加的趋势。

由于气淬具有环境污染少、可控制性好、热处理变形小等优点，因此越来越受到热处理界的重视。一般来说，气淬是在常压下进行的。但对一些体积较大的高铬钢、高速钢、热作模具钢等，需要以较高的气体压力进行淬火。高压气淬将成为一种重要的热处理方式，可用的气体介质如 He、H_2 等。

5.2.4　激光束、电子束、离子束三束热处理

三束热处理属环境友好的技术，易于实现集成化生产，但由于设备投资大，连续运转能力差，以致它们的生产应用问题一直是研究者关注的热点。

激光表面处理既可以通过激光相变硬化（激光淬火）、表面熔凝改变基体表层材料的微观结构，通过激光织构化改善表面的耐磨性、润滑性能，也可以通过激光熔覆、气相沉淀和合金化等处理方法同时改变基体表层的化学成分和微观结构。晶粒细化，马氏体高位错密度，碳的固溶度高是获得超高硬度的主要原因。激光表面处理因其独特的优越性，正日益受到人们的重视。已经在机械制造、交通运输、石油、矿山、纺织、冶金、航空航天等许多领域得到应用和发展。激光热处理主要适用于那些接近加工完成、不要求后续处理、形状复杂的零件所进行的选区热处理。对热作模具钢和球铁表面激光热处理，表面硬化层硬度可达 660～670 HV；另外用激光能量对工件表面熔覆 Fe-Cr-W-Ni、Co 基或 Ni 基合金系以提高工件的硬度和耐磨性的应用也已开展。

电子束热处理要求在真空下进行，从而使设备增加真空系统和真空室。但是由于要求的真空度较低，抽空和放气时间所占比例很小，一般只需几分钟。由于电子束表面处理具有快速、方便及处理质量好等优点，电子束热处理装置易于大功率和机械化，因此更有可能在大量生产中获得应用。欧洲在汽车工业中已应用电子束热处理。电子束热处理涉及的面很宽，包括电子束表面硬化（EBH）、电子束表面回火或退火（EBT 或 EBA）、电子束表面重熔（EBR）、电子束表面合金化（EBA）、电子束表面元素注入（EBI）、电子束表面涂覆（EBC）。

除了电子束外，发源于半导体技术的离子束技术也陆续在工业中应用，例如离子注入表面改性层和离子束混合制备合金层，离子束合成单层膜、多层膜和纳米多层膜工艺。TiAlN/CrN 薄膜的磨损率为 2.38×10^{-16} $m^2 \cdot N^{-1}$，可在 900℃ 大气中工作，在 750℃ 温度下长时间（1000 h）保护钛合金表面无损坏，可作为低磨损率的模具保护镀层。类金刚石和铬交替沉积膜 C/Cr 的摩擦系数最低（$\mu = 0.1 \sim 0.2$），显示出更低的磨损率（$K_c = 8 \times 10^{-19}$ $m^2 \cdot N^{-1}$）[10]。

5.3 表面织构化

5.3.1 表面织构化的兴起

在自然界,许多生物都是善用表面性能的高手。荷叶上的水常常形成小水珠,当叶子倾斜时,小水珠可以轻易地在叶子上滚动。这种现象称为莲花效应(lotus effect)。不管荷叶生长在什么环境,它的叶子都能保持清洁。在荷叶表面存在许多突起的小颗粒结构,使得荷叶表面有自洁性和憎水性,此即为莲花效应的成因(见图5-3)。

 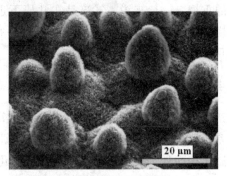

(a) 荷叶表面   (b) 荷叶表面突起[11]

(c) 仿生荷叶表面[12]

图5-3　荷叶表面微织构

再以动物为例,壁虎的四肢具有惊人的黏附力(adhesion),根据研究,一只50克壁虎脚底一根刚毛能够提起一只蚂蚁的重量,而使用全部刚毛的吸附力可以吊起约130 g重物,其成因来自脚上具有层层分级的结构,在其脚趾布满许多细微的刚毛(seta)组织,而在每一根棘毛上更有数百个分支,每个分支的前端有细微结构(spatula),其大小仅有200 nm(见图5-4)。壁虎就是靠着这细微结构与接触表面的分子间力产生黏附力,不管壁虎在多么脏的物体表面行走,当它走了几步之后,脚上的脏物就会脱落。壁虎的脚在踩踏脏物之后,脏物的颗粒堆积在绒毛表面,而不是黏在绒毛上,因此在堆积到一定程度之后脏物颗粒在重力的作用下就会脱落。

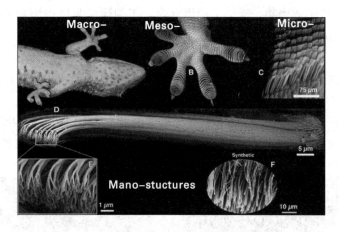

图 5-4　壁虎脚底的刚毛结构[13]

由上述自然现象的启发，这种呈规则排列的微观表面几何结构称为织构（texture），相应的制造过程称为织构化（texturing），相应的制造技术称为织构化技术。织构化的表面在不改变材料本身的情况下，可获得特殊的表面性能。近年来，随着摩擦学理论和实验研究的深入，织构（规则表面）造型作为改变机械摩擦性能的可控技术受到国内外学者的广泛重视，摩擦副表面上规则表面形貌几何造型的设计、加工、试验以及数值分析日益成为研究的热点，针对摩擦学材料表面织构化的研究越来越多。

对于所有材料，均可测量其表面粗糙度值，切削、抛光、材料硬度等影响粗糙度值。表面粗糙度可被认为是最天然的表面织构。相应地，表面织构也可以是具有某特征的几何纹理。经优化结构设计，织构化的内燃机中气缸/活塞、滑动轴承、精密机床导轨等，与无织构表面相比，其摩擦系数能下降 10 % 左右，磨损明显减少，承载能力也大大得到提高，使用寿命进一步延长。

在摩擦副表面加工制造特定表面织构，其摩擦学性能可以得到有效改善。一般地，表面织构化用于改善材料摩擦学性能基于以下机制：在流体润滑条件下表面微织构起到动压轴承作用，增强了动压润滑效应；在边界润滑及贫油条件下，表面织构可起到储存润滑剂的效果，在特定条件下还可捕获磨屑；在干摩擦条件下，表面凹陷能有效收集磨屑，减小磨损。决定表面织构成功的关键是实现表面微观造型几何参数的可控性。目前普遍使用的表面织构加工工艺有很多种，如电化学、LIGA 技术、UV 光刻技术、激光表面微造型技术（LST），另外还有压印技术、超声加工方法等。

5.3.2　表面织构的设计

1. 表面织构的形状

引入可控的表面织构可以减少摩擦，同时也能改善摩擦面的性质。如典型的具有凹槽/凹坑的运动表面，减摩的机制取决于表面的接触状态。在全膜润滑状态下，凹槽/凹坑可以提高润滑剂的流体动力效应；在边界润滑状态下，凹槽/凹坑即使在滑行条件下也可以充当储油器来提供润滑油；在干摩擦及边界润滑下，凹槽/凹坑又可以捕捉磨损颗粒，从而

减少犁削、零部件变形等摩擦，延长了使用寿命。织构形状和取向影响着接触表面的润滑状态、最低的 Stribeck 转变点。织构化使得最低的转变点向右移动，混合润滑区增大，润滑膜增厚。

不好的取向会产生较高且不稳定的摩擦系数，并在表面上产生严重的磨损。对于不同尺度的零件，沟槽尺寸也在变化，要具体问题具体分析，不能一概而论。目前所研究的表面织构图案主要有：圆凹坑形[5]、方凹坑形、菱形凸包、草帽形凸包、沟槽和网纹等，如图 5-5 所示。其中主要以研究凹坑形和凹痕形为主，对凸包形和鳞片形的研究较少。

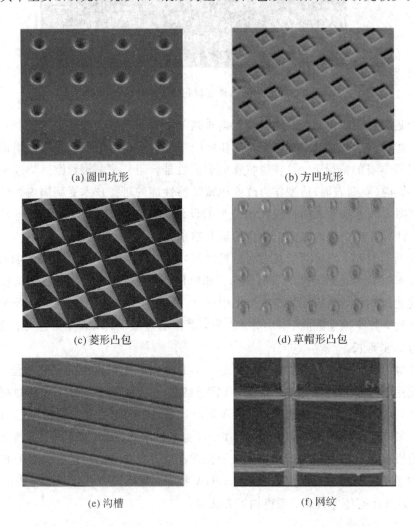

(a) 圆凹坑形   (b) 方凹坑形

(c) 菱形凸包   (d) 草帽形凸包

(e) 沟槽   (f) 网纹

图 5-5 表面织构图案

对圆形凹坑的研究较多，主要影响因素有圆形凹坑的尺寸、深度、面密度、分布密度及运动方向。三角形、方形、沟槽形都是不利的织构形状。

2. 织构坑底的形状和取向

Nanbu 等的工作[14]集中在不同织构图案的润滑效应上，主要研究了图 5-6 所示的三组织构图案 U、R 和 T。研究结果表明织构 T 可产生最大的流体动压润滑压力。

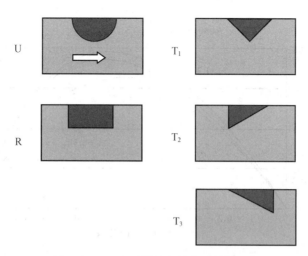

图 5-6　Nanbu[14]研究的典型织构图案

如果考虑图 5-6 箭头指示的界面滑动方向，对于三个 T 形织构，提高流体动压润滑能力的排序为 T_3、T_1 和 T_2。T_1 和 T_2 进入弹流区时，由于发散楔的存在，其压力逐渐减少。但是，T_2 减少得更严重，因为它有较长的发散楔。T_1 的压降比仅仅是 T_2 的一半，T_3 的压降更小。

3. 表面织构的几何尺寸

仿真分析表明对所有的几何形状和宽度，无量纲最优的深度为 $0.5 \sim 0.75$[15]，适当的深径比可以最大程度地增加油膜的刚度及其 pv 值[16]。高东海[17]等研究了四种直径、三种深度的凹坑的减摩效果，深径比大约在 $20\% \sim 30\%$ 左右时其减摩效果最好。当深径比偏离这个值越远时，凹坑带来的油膜承载效果就越差，减摩效果便会降低。

4. 织构区域面积比 α

分布比例 α 是指表面织构化的区域面积与整个滑动表面面积的比值。

以推力轴承为研究对象发现并不是试样表面全部织构化时效果最好[19]，而是存在一个最适分布比例 α（见图 5-7 和图 5-8）。全局造型中，在长距离的滑行中单个凹坑并不利于动压润滑下负载能力的提高，相反，在短距离的滑行中，单个凹坑效果和机械密封情况相同，有利于提高负载。同时发现在面积占有率 $S_p = 0.13$（$S_p = \pi r_p^2 / 4 r_1^2$）时，效果最优。在局部造型中，凹坑的集体效应可以产生较大的负载承受力，这种效应在长距离滑行过程中更明显。最优的局部造型比 α 为 0.6。

(a)圆坑　　　　　　　　　　　　　　　　(b)方坑

图 5-7　部分织构覆盖的推力瓦[18]

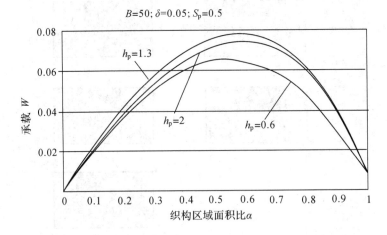

图 5-8　织构区域面积比 α 与承载能力 W 的关系

实际研究中的表面织构化形式往往是规则的，其目的是为了便于加工和分析计算。然而，微凹坑的规则分布只是随机分布的特殊情况，在很多情况下，不规则的分布形式似乎更加合理。在典型的摩擦副中，往往要同时考虑润滑剂的储存性能、摩擦副表面的承载性能和流体动压润滑的压力等因素，这些都要求表面微凹坑的分布不能过于简单。

5.3.3　表面织构的制造技术

1. 激光加工技术

激光织构技术是指利用激光束在材料表面烧蚀、蒸发后留下坑的过程。常用的 YAG 激光器是二极管泵浦激光器，可发射红外光波长范围的脉冲辐射。只有当激光束的能量密度达到临界值时，材料才能被烧蚀。此外，烧蚀后的表面形貌和能量密度有关。因此，改变激光束的能量密度可以实现不同的表面处理（见图 5-9），比如粗化、整平、微小织构。当能量达到烧蚀的临界范围时，由于区域吸收能量的不同，而使表面因不均匀的烧蚀而变得更加粗糙；当能量高于烧蚀的临界值时，材料表面才被均匀烧蚀而形成平整的表面。

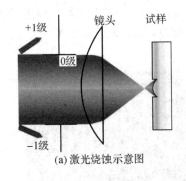
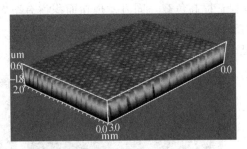

(a) 激光烧蚀示意图　　　　　　　　(b) 激光烧蚀后的表面形貌

图 5-9　激光烧蚀示意图和激光烧蚀后的表面形貌

应用激光辐照可以高精度且灵活地制造出微织构。激光织构化的另一个优点是基材上几乎没有热影响区，这是因为绝大部分的激光能量随着材料的蒸发而迅速消失了，因此没有热量传递到工件上。

Dumitru 等人[20]研究了微织构中微坑的排列问题，这些微坑的直径范围是 $5 \sim 10~\mu m$，深度范围是 5 ～ 8 μm。阵列间距约是 30 μm。用 Nd：YAG 激光器在不锈钢和钢表面烧蚀的微织构，使材料寿命延长了 6 倍并且获得了低摩擦。在不久的将来，激光加工及涂层技术将很可能和三维涂料技术结合起来，这会使得在边界润滑条件下也具有非常低的摩擦力和磨损。

西安交通大学董光能等人[21]采用波长为 1064 nm、脉冲宽度 3.5 ms 的 WF200 型 Nd：YAG 激光器在 TiNi 试盘表面进行微凸化处理，每个脉冲产生一个微凸体，所得 TiNi 试盘表面凸体形貌如图 5 - 10(a) 所示。微凸体之间横向与纵向间距相等，有 1.83 mm、2.50 mm 和 3.18 mm 三种。凸体高度为 7.3～33.2 μm，其周围是 75～200 μm 带宽的环形凹槽。

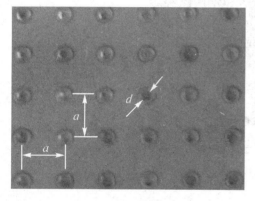 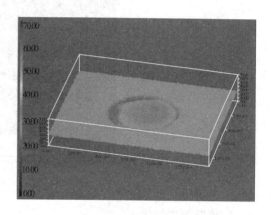

(a) 表面形貌　　　　　　　　　　　　(b) 3D形貌

图 5 - 10　TiNi 试盘表面凸体的形貌

2. 电化学微加工技术

光刻技术、软刻蚀技术可制作尺度较小的精细图形，但要在体积庞大的零部件表面制作图形却面临巨大的挑战，而电化学微加工技术（Electrochemical micromachining，EMM）正好弥补这一缺点。电化学微加工就是利用阳极电化学溶解原理有选择性地完成材料去除的微加工技术，材料去除是以离子溶解的形式进行的，电化学微加工技术由于高的加工速度而具有广泛的应用前景。电化学加工原理图如图 5 - 11 所示。

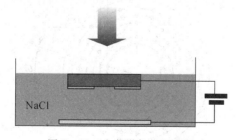

图 5 - 11　电化学加工原理图

电化学微加工是材料表面单个原子移除的过程，不会在加工的过程中改变材料表面性质；不会引起热量或应力的残留；通常采用无腐蚀、无毒性的电解液，对环境友好；可以加工曲面、平面等；通过控制电流可以选择不同的加工速率；电化学微加工可加工的材料多样，从最早的硅片扩展到了黄铜、不锈钢等金属材料及其他非金属材料；可加工如微孔、微柱等复杂的三维结构。

采用电化学工艺对工件成形面进行织构化加工，生产效率高。电化学加工的同时有抛光作用，一般可降低两个粗糙度等级。原始表面粗糙度为 Ra2.0 μm 的表面，经电化学加工后，一般只能达到 Ra 0.5 μm 左右。图 5-12 所示为利用阵列阴极在基体表面上一次加工成形的微坑阵列，实现了表面的织构化，坑的最大直径为 100~200 μm，坑深为 6~7 μm。

图 5-12 微织构表面[22]

3. 模压加工技术

西安交通大学董光能等人[23]用 Ti 含量为 50.9 at％的 TiNi 合金试盘，模压制备表面微坑织构。试样为 ϕ30×5 mm 的盘，其维氏硬度为 269 HV。试盘表面粗糙度 Ra 为 0.14 μm。为研究织构参数（深径比 h/d、周向间距 θ、径向间距 a）对 TiNi 摩擦学性能的影响，将 TiNi 表面花纹设计成按圆周规则分布（见图 5-13）。TiNi 合金表面花纹的深径比 h/d 设计为 0.04、0.05 和 0.06，周向间距 θ 设计为 10°、15°和 20°，径向间距 a 设计为 1 mm、1.5 mm 和 2 mm。采用压模的方法在 TiNi 合金表面制备图 5-13 所示的花纹。压制后 TiNi 合金的表面轮廓由美国 Ambios 公司的表面轮廓仪（XP-2）测得（见图 5-14）。

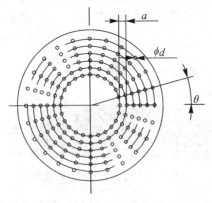

图 5-13 TiNi 合金试盘表面织构分布形貌

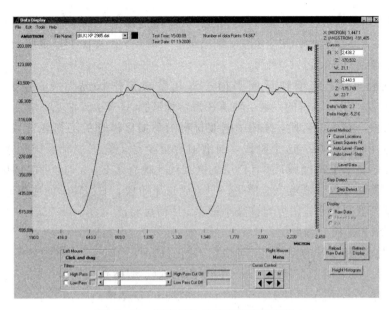

图 5-14　压制微坑的深度和坑口直径

5.3.4　表面织构技术的应用

1. 瑞士米巴(Miba)细槽轴承[24]

直到 20 世纪 70 年代，公认的适用于高性能发动机的最好轴承还是那些具有均质镀层的传统三层轴承。随着现代发动机性能的提高，当把要求重点放到轴承的使用寿命和可靠性方面时，这种传统的轴承已达到其能力之极限。

工业需要一种具有更高承载能力的轴承，它即使在远比通常的轴承更长的运用时间之后，仍能具有足够的防止失效的安全裕度。这是关于细槽轴承最初的设想。

细槽轴承具有较高的耐磨性和对流体动力润滑破坏时的适应性。通过轴承试验台上的大量试验，初步确定了细槽轴承槽型几何参数的最佳范围，并得到了相适应的材料组合。为了能够充分发挥细槽轴承的特性，研究出一种疲劳强度较高的铝基合金(AlZn4.5)，对涂层的成分(PbSn18Cu2)也作了改进，这些研究也可以在传统的三层轴承上直接应用。

梯形截面的细槽(见图 5-15)能最大限度地满足所有的要求。采用这样一种横截面，

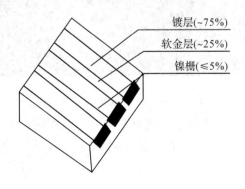

图 5-15　米巴细槽轴承工作表面结构

镀层(~75%)
软金层(~25%)
镍栅(≤5%)

101

即使在磨损到槽脊(其进程非常缓慢)的情况下,露出的镍栅在轴承工作表面所占的比例也不会大于 10 %。甚至当槽脊完全磨去,细槽被磨平时,工作表面上呈现环状条状的镍层所占的比例也不会超过 50%。

发动机试验显示,细槽轴承的磨损进程几乎与工作状况无关,并证实了最初对MTU396 系列发动机所取得的经验:轴承在短暂地磨损 3~5 μm 之后,随之而来的是一个非常稳定的阶段。在这个阶段,细槽中电镀材料的磨损比槽脊的磨损要稍快一点,或在主要承载区内遭受疲劳破坏。这个阶段,细槽轴承至少是传统三层轴承镀层磨损时间的三倍。当损伤影响整个承载区域,而且镀层的磨损约比槽脊多 6 μm 时,油膜的破坏会使槽脊的磨损加速。最终导致细槽被完全磨平。只有到这个阶段,细槽轴承的使用寿命才终结。

细槽轴承的低磨损率,还可允许减小槽深,从而可将涂层在 16~25 μm 之间分成几种小的级别,以增加其疲劳强度。

针对不同缸径和型号的发动机,可使用不同的槽深:

(1) 12~20 μm,用于直径 150 mm 以下的轴承(F 型槽);

(2) 20~28 μm,用于直径 120~250 mm 的轴承(D 型槽);

(3) 26~40 μm,用于直径大于 220 mm 的轴承(L 型槽)。

与米巴的细槽瓦类似,日本大丰(Taiho)的 MGB 轴瓦(见图 5-16)声称具有如下优点:

(1) MGB 轴瓦具有更好的磨合性、顺应性。

(2) MGB 轴瓦的抗咬合性能明显提高。

(3) MGB 轴瓦的细沟纹具有储油功能,增加了油的保持量,改善了轴瓦的抗咬合性。

(4) MGB 轴瓦还有助于克服轴瓦气蚀的产生。

(5) 与普通平瓦相比,MGB 轴瓦的疲劳强度可提高 1.3~1.5 倍。

图 5-16　MGB 轴瓦示意图[25]

沟纹结构增加了沟纹中的润滑油的流动带来的冷却作用,在整个速度范围内 MGB 轴瓦的温度明显比普通平瓦低,沟纹越深,影响越大。天津丰田、长春丰田、广汽丰田、长安铃木、昌河铃木配套的产品全部为 MGB 轴瓦。玉柴、上柴等公司配套的部分产品也采用这种 MGB 结构。

2. 推力轴承试验

Glavatskih S B 等[26]的试验研究了表面织构对可倾瓦轴承的功耗、运行温度和油膜厚度的影响。织构表面横向沟槽深度小于 10 μm，瓦面的织构区比例为 60%。供油恒温为50℃，流速为 15 L/min，使用织构后的油温没有显著变化，油温降低不超过 5℃。在最优流量下，具有特低的功耗，入口和出口的油膜厚度比普通的巴氏合金瓦更大。实际的织构瓦的表面如图 5-17 所示。

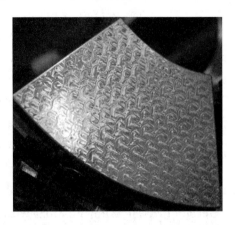

图 5-17　实际的织构瓦的表面（S 状沟槽）

图 5-18 所示为瓦温和油膜厚度随载荷的变化情况，由图可知，在不同压力情况下，有织构的轴瓦的油膜厚度均大于普通轴瓦。

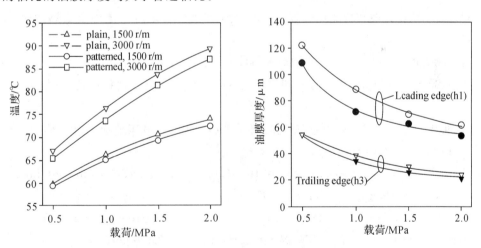

图 5-18　瓦温和油膜厚度随载荷的变化情况

试验结果也说明了推力轴承表面织构化对增大油膜厚度、降低油温、提高轴承性能是有益的。

思 考 练 习 题

5.1　机械零件为何要进行表面处理？

5.2 简述常用的表面处理技术的原理及特点。

5.3 什么是表面织构？表面织构化的适用范围是什么？

5.4 表面织构化的技术手段有哪些？

5.5 举例说明表面织构化的意义。

参考文献

[1] Donnet C，Erdemir A. Historical developments and new trends in tribological and solid lubricant coatings[J]. Surface and Coatings Technology，2004：76 – 84.

[2] Seung Ho Yang，Hosung Kong，Eui-Sung Yoon，et al. A wear map of bearing steel lubricated by silver films. Wear[J]，2003，255：883 – 892.

[3] Holmberg K，Ronkainen H，Mattews A. Tribology of thin coatings[J]. Ceramics International ，2000，26：787 – 795.

[4] Merlo A M. The contribution of surface engineering to the product performance in the automotive industry[J]. Surface and Coatings Technology，2003：21 – 26.

[5] Pflueger E，Savan A，Gerbig Y，et al. Alloying MoS_2 with Al and Au：structure and tribological performance，2003：716 – 720。

[6] Mattews A，Leyland A，Holmberg K，et al. Design aspects for advanced tribological surface coatings[J]. Surface and Coatings Technology，1998：1 – 6。

[7] 刘迫. 三 E 热处理和智能热处理——21 世纪热处理技术[J]. 国外金属热处理，1994，15(3)：1 – 7.

[8] 黄奇. 齿轮表面陶瓷生长工艺的研究[D]. 重庆大学，2003.

[9] 张津，黄奇，许洪斌. 离子渗氮和离子镀复合处理研究[J]. 现代制造工程，2002，10：9 – 11.

[10] 张通和，吴瑜光，云跃，等. 先进的离子束热处理技术和工业应用[J]. 热处理技术与设备，2006，27(1)：6 – 13.

[11] Barthlott W，Neinhuis C. Purity of the sacred lotus，or escape from contamination in biological surfaces[J]，Planta，1997，202：1 – 8.

[12] Stratakis E，Zorba V，Barberoglou M，et al. Laser structuring of water-repellent biomimetic surfaces[J]. SPIE Newsroom，10.1117/2.1200901.1441.

[13] Autumn K，Gravish N. Gecko adhesion：evolutionary nanotechnology[J]. Phil. Trans. R. Soc. A 2008，366，1575 – 1590.

[14] Nanbu T，Ren N，Yasuda Y，et al. Micro-Textures in concentrated conformal-contact lubrication：effects of texture bottom shape and surface relative motion[J]. Trobol Lett 29，2008，241 – 252.

[15] Sahlin F，Glavatskih SB，Almqvist T，et al. Two-Dimensional CFD-Analysis of Micro-patterned surfaces in hydrodynamic lubrication，Transactions of the ASME

[J]. Journal of Tribology，2005，127：96－102.

[16]　Etsion I. Improving tribological performance of mechanical components by laser surface texturing[J]. Tribology Letters，2004，17(4)：733－737.

[17]　高东海，刘焜，袁根福.激光微加工凹坑表面形貌摩擦特性的试验研究[J].合肥工业大学学报：自然科学版，2008，31(10)：1581－1584.

[18]　Marian1 V G，Kilian M，Scholz W. Theoretical and experimental analysis of a partially textured thrust bearing with square dimples[J]，Proc. IMechE，Part J：J. Engineering Tribology，2009，221：771－777.

[19]　Brizmer V，Kligerman Y，Etsion I. A laser surface textured parallel thrust bearing [J]. Tribol.Trans.，2003，46：397－403.

[20]　Dumitru G，Romano V，Weber HP，et al. Laser microstructuring of steel surfaces for tribological applications[J]，Appl. Phys. A 70，2000，485－487.

[21]　董光能，张俊锋，杨华斌，等.激光微凸化超弹 TiNi 合金表面摩擦学性能[J].稀有金属材料与工程，2008，37(3)：444－447.

[22]　程刚.电化学抛光和织构化表面的摩擦学行为研究[D]，西安交通大学，2007.

[23]　董光能，张俊锋，张东亚，等.超弹 TiNi 合金表面模压微坑织构的摩擦学性能研究[J].稀有金属材料与工程，2011，40(8)：1334－1338.

[24]　Grobuschek F. 米巴细槽轴承在发动机上验证的十年[J]. 张乐山，译. 国外机车车辆工艺，1995，(1)：7－13.

[25]　http://www.taihonet.com/product_detail_68.html.

[26]　Glavatskih S B，McCarthy DMC，Sherrington I. Hydrodynamic performance of a thrust bearing with micropatterned pads[J]. Tribology Transactions，2005，48(4)：492－498.

第6章 机械摩擦学分析与测试

6.1 概　述

摩擦学与实际应用紧密地结合在一起，影响摩擦、磨损的因素特别多。要研究这些因素，除根据经验判断外，还必须通过各种类型的摩擦磨损试验机的测试数据来综合分析，此时问题就转化为如何设计或选用试验机了。这是关系到摩擦磨损性能测试最基本的问题。在工作中经常会碰到试验数据和实际效果发生很大差距的现象，这体现了摩擦学系统的复杂性。

摩擦现象是相对运动的相互作用的表面所呈现出来的物理化学等综合作用的现象。随着研究者所关心的问题不同，摩擦现象可以从微观的或宏观的机理来进行讨论，前者是物理学家或化学家所感兴趣的问题，后者是工程技术人员最关心的事情，因为宏观机理常基于摩擦体相对的粗略模拟，以简单而恰当的模式来表达讨论的结果，这往往对实际应用问题的研究、解决更为有效。

所谓磨损，按一般的概念，是运动副的两个相对运动的偶件表面由于机械作用，有时还加上化学作用而使材料逐渐损坏、去除（减量）的过程。关于磨损的测试，就是想办法测出摩擦过程中摩擦偶件的尺寸或重量等的变化值或变化规律。

6.2 摩擦磨损测试前的准备

1. 表面净化

当测定摩擦时，特别是在测定滑动摩擦的时候，保持试件表面的清洁是很重要的。在净化处理呈极性的尼龙表面的时候，即使检验员手上稍有一点油污，其原来的摩擦系数就会从 0.6 变为 0.15，但非极性的聚四氟乙烯及聚乙烯几乎不受影响。对于金属，若有稍许这样的污染，由于在摩擦中产生塑性流动而形成新生面，因而影响比较小。总之，必须使用镊子等工具，而不要用手直接接触试件及洗净品，这是十分必要的。

为了制成最清洁的人工表面，可在晶界面上剥离云母，以制作新生面。另外，在近代技术中，通常采用离子束加工，或用阴极真空喷镀的方法产生洁净的新生面。

2. 试验机的固有频率

众所周知，对于滑动摩擦的滑动过程来说，有黏着、滑动的现象存在，并以某种振动的形式表现出来。因此，若不预先查明试验机测试系统的固有频率，便不能判断是共振，还是固有的振动。

松原等人[1]用平面-销型试验机来测定改变弹簧质量 m 时的固有频率 ν，若测定摩擦的

弹簧的弹性系数为 k，则随着质量增加，ν 降低。这个关系可表示为

$$\nu = \frac{1}{2\pi}\sqrt{\frac{k}{m}} \qquad\qquad (6-1)$$

在观察摩擦振动时，试验频率应在试验机固有频率的 1/10 以下，或 10 倍以上。

6.3　常用的试验方法

在摩擦材料基础研究中，为了解和掌握各因素及变化对摩擦材料摩擦磨损性能的影响程度，只能通过试验手段。目前常用的试验方法有小样试验和台架试验。这两种试验可以根据不同的情况，选取其一或者联合试验。

1. 试验室小样试验

试验对象是小尺寸的试样，主要考查的是某一特定试验条件下摩擦材料的材料特性，通过摩擦因数和质量（或体积）磨损率这两个指标来进行评价。在摩擦学研究中，由于材料尺寸、成本、制备等条件限制，小样试验通常采用磨损试验机来实现，通过对多组试样在同等条件下进行磨损性能的对比分析，待优选确定工艺参数后，再结合专用摩擦磨损试验机要求制备试样并进行测试分析。

2. 模拟台架试验

台架试验需要专门的台架试验机。一般的台架试验是以小样试验为基础，材料选用与实际材料一致或者材料性能能够满足试验需要的摩擦磨损性能，接触类型选择与实际接触类型相一致，并使其他模拟条件尽可能达到一致。台架试验的目的是选择合理的摩擦副来校验试验数据，考察摩擦件在模拟工况下的可靠性。

台架试验和小样试验相比较，虽然试验过程复杂、周期长、资金投入大，但是具有模拟程度更接近实际条件、能够更加全面地描述摩擦磨损性能、数据可靠性强、数据容易接受等诸多优点。因此，台架试验在评定材料的摩擦磨损性能试验中更具有权威性，评定结果更易被接受。

3. 实际使用试验

由于真实机器工况的时变性，即便是台架试验仍难以模拟实际的工况，所以在试验室小样试验和台架试验之后还要做成零部件放在真实机器上考核，即在服役状况下考核结构特性和摩擦学行为间的影响。由研发人员操作，可以获取评价参数，给出评价等级或经过早期使用考核发现潜在用户使用过程中可能产生的体验、环境和安全问题，并及时作出改进。任何一项成功的技术，最终都要应用到用户手中，达到用户的良好体验。

6.4　摩擦接触形式

在生产实际中，有各种各样的摩擦配副，这些摩擦配副又处于各不相同的条件下。在条件许可时，直接在这些摩擦配副上测试它们的摩擦磨损特性，取得第一手的数据当然是非常好的。但是，往往很难直接测量出摩擦系数、磨损量等参数。因此，把生产实际中大量的影响摩擦磨损的因素整理归纳，应用相似原理设计成专业的标准试验机，使试验条件

近似于实际工况条件，迅速地取得摩擦、磨损的有关数据，使未知很快变为已知，为解决生产实际中所碰到的问题提供可靠的依据。

从相似论出发，首先要建立的是摩擦配副的几何相似。对试验机而言，是各种试件的接触形式的选择。

试件的接触形式按相对运动形式可分为滚动、滑动、既有滑动又有滚动以及陀螺运动形式。在各种运动形式中，又可分为点、线、面的接触形式。图 6-1(a)～(j)及(m)、(n)、(o)为滑动摩擦，图 6-1(p)、(q)为既有滚动又有滑动的摩擦。图 6-1(k)、(l)中，当球被固定时为滑动摩擦；当球不被固定时，它可能成为滚动摩擦，或者成为既有滚动又有滑动的摩擦接触形式。

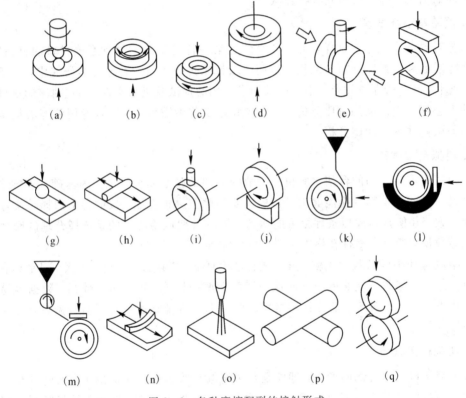

图 6-1　各种摩擦配副的接触形式

摩擦配副的接触形式要尽可能选择与实际工况的摩擦配副接触形式相似的接触形式，再考虑试验机如何给出与实际工况相似的物理参数和一致的初始边界条件。但是，定型的试验机很少能够全部满足相似条件。因此，一种材料的摩擦磨损性能的评价，往往要通过几种试验，最后才能判断是否有用。

6.5　摩擦磨损试验机的类型

1. 销(球)盘试验机

销盘试验机可将各种金属和非金属材料(塑料、尼龙等)做成盘销式或双环式、环盘式接触的试样，在本机上进行端面滑动摩擦试验，以测定在选定的负荷、速度下各种材料的耐磨性能试验，并且能测定各种材料的摩擦系数。

工作原理：试验时，销固定不动，盘作旋转运动。通过力传感器采集试验过程总摩擦力和载荷的变化，通过位移传感器对试样的总磨损进行测量，如图 6-2 所示。

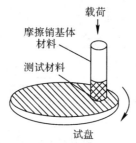

图 6-2　销盘试验机工作原理

销盘试验机的销也可换成球，使得初始接触变为点接触。盘的运动方式也可改为往复式，则称为往复试验机。

参考标准：ASTM G99 用销盘机进行磨损试验的标准试验方法、ASTM G133 直线往复球平面滑行磨损试验方法。

2. 环块试验机

环块试验机又称为 Timken 试验机，用于线接触摩擦副的摩擦磨损试验。

工作原理：主动件是标准旋转圆环，被动件是被固定的标准尺寸矩形块。通过测量不同载荷下被动试件长方体块上出现的条形磨痕宽度，以及摩擦副材料间的摩擦力、摩擦系数，来评定润滑剂的承载能力以及摩擦副材料的摩擦磨损性能，如图 6-3 所示。

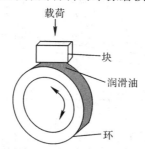

图 6-3　环块试验机工作原理

3. 四球试验机

四球试验机采用四个 ϕ12.7 mm 标准钢球，上球由试验机主轴端固定着，以 1400～1500 r/min 的转速旋转，下面静止的三个球与油盒固定在一起，由上而下对钢球施加负荷（见图 6-4）。在试验过程中，四个钢球的接触点都浸没在试油中，以滑动摩擦的形式，在极高的点接触压力条件下，每次试验时间为 10 s，试验后测量油盒中每一钢球的磨痕直径或摩擦系数等。四球试验机主要用于区分润滑剂低、中、高极压性能，包括最大无卡咬负荷 P_B、烧结负荷 P_D、综合磨损值 ZMZ 等三项指标，对润滑剂的极压性能或抗磨损性能作出评价。利用四球试验机还可测定温度对润滑剂的影响以及润滑剂的温度特性。如果使用特殊附件，四球试验机也可进行端面磨损试验，测定摩擦偶件的摩擦系数。

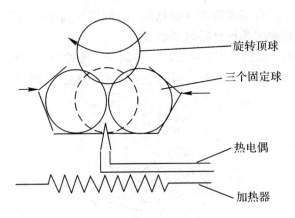

图 6-4 四球试验机原理图

四球试验机的特性评定指标如下：

磨损-负荷曲线（见图 6-5）：在双对数坐标上，基于不同负荷下三个固定钢球的平均磨痕直径所作的曲线。

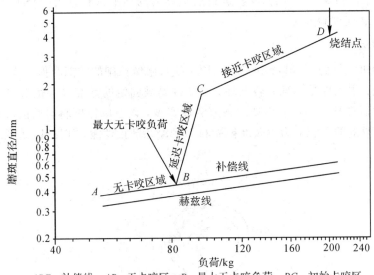

ABE—补偿线；AB—无卡咬区；B—最大无卡咬负荷；BC—初始卡咬区；
CD—直接卡咬区；D—烧结负荷

图 6-5 磨损-负荷曲线

赫兹线：由于弹性变形所产生的圆形接触面的理论值与静载荷的关系。

最大无卡咬负荷 P_B：在试验条件下不发生卡咬的最高负荷，它代表油膜强度。在该负荷下测得的磨痕直径不得大于相应补偿线上数值的 5%。

卡咬：钢球摩擦面之间出现局部的金属转移。这种现象以摩擦和磨损增大为标志，并导致三个固定球上呈现粗糙的磨痕，转动球上呈现粗糙的环。

烧结负荷 P_D：在试验条件下使钢球发生烧结的最低负荷，它代表润滑剂的极限工作能力。

烧结：试件摩擦面之间出现金属熔化，并使之相互结合的现象，此时四个球烧结在一起形成宝塔形。

综合磨损值 ZMZ：润滑剂抗极压能力的一个指数，它等于若干次校正负荷的数学平均值。

参考标准：GB/T12583—1998 润滑剂承载能力测定法(四球法)。

6.6 摩擦阻力的测定

摩擦磨损测量应当包括摩擦力、磨损量的测量。摩擦测量实质上不是一个简单的静力测定，由于摩擦过程中所产生的摩擦阻力往往不是一个定值，它是随着外界条件而变化的，因此所选用的测试方法必须要能反映这种变化的规律。摩擦力的测量方法是把力传感器(load cell)附加到感力元件上，将摩擦力转换成电信号，计算机采集、记录摩擦过程中摩擦力的变化。若安装有压力传感器，则可得瞬时接触压力，摩擦力与接触压力的比值即为摩擦系数。

摩擦力或摩擦力矩的测定可以利用电阻应变测力法、电容变换法、电感变换法、微小位移法等。这些测量方法的本质是把各种机械力变为电量来测定。

在实际使用中，一般都用摩擦系数来表征摩擦特性。因此，不论通过哪种方法所测得的摩擦力或力矩都要换算成在那种条件下的摩擦系数值。为达到此目的，首先要合理选择测试方法，要使设计的测试机构能反映出摩擦过程中摩擦力变化的规律。感力的弹性元件的变形与摩擦力的关系都要严格遵守胡克定律。

由于测力系统的构成中不免会有很多支点铰链、轴承等，因此对它们本身的摩擦力的值要进行适当的估计，或者是让这些附加摩擦力落入测量误差范围内，例如在测量滑动摩擦，当正压力很大时，支点用滚动轴承，滚动轴承本身的摩擦力是可以忽略不计或者可以认为它没有超出滑动摩擦的测量误差范围。或者把这些附加摩擦力全部进行测定，在计算摩擦力时进行修正，从而得到摩擦阻力的真实值。

6.7 常用的磨损量测量方法

磨损量是衡量零部件耐磨性的重要指标。用零件或试件被磨去的绝对质量、体积或沿垂直于运动方向上绝对线性尺寸的缩减量作为磨损量都不便于比较。一般要转换成磨损率，即每单位载荷乘以滑动距离的磨损质量、磨损体积或线性磨损尺寸，所用单位的种类及大小视试件的形状、尺寸、磨损的类型及所用测量方法而定。常用的磨损量测量方法有称重法、测长法、表面形貌法和放射性同位素法。

1. 称重法

用精密天平称量试件在试验前后的质量，其差值即为磨损量，通常测量精度为 0.1 mg (也有达 0.01 mg 的电子天平)，此法简单且精度较高，比较常用，适用于小试件(通常试件质量为 200 g 以下)且磨损过程中塑性变形(如翻边)小的材料。对材质易受环境(温度、湿度等)影响的试件，磨损前后必须在相同环境(相同湿度、同样的干燥时间)下进行称量。这种方法虽然直接、简单，但对于微量磨损的摩擦副需要很长的试验时间才能得到可称量的磨损质量。当磨损过程中有材料的涂抹、黏着，或材料为多孔结构，或材料表面发生较大的塑性变形，或试件的表面形貌或形状有变化、材料发生转移但并未脱落成磨屑，所产生的质量损失不大时，采用称重法不能获得满意的结果。

用称重法测磨损量时，磨损前后分别用超声波清洗试样直到清洗液无浑浊，将洗净的试样放入干燥箱中烘干，再称量其质量，然后换算为磨损率。

测量密度相差较大的材料磨损量时需采用体积变化量来比较其磨损结果。用体积法测磨损时，必须考虑材料的线胀系数，否则会因环境温度的升高而出现负值。因此，在摩擦过程中测量磨损时，必须要有温度变化带来的体积变化的补偿值。

用称重法测磨损量时，要注意当试验停止时，尽快称量，或者在试验前后都保持在同一温度下称量，否则会因吸附现象带来称量误差。

2. 测长法

采用千分尺、工具显微镜等分别测量磨损试验前后的试件长度，其差值即为线磨损量。这种方法操作简便，在企业现场测试中应用较多。但由于测量工具的限制，测试精度较低。例如汽车发动机维修，检测气缸的缸径与气缸的失圆度时，用内径千分尺检测缸套磨损和失圆程度，判断结果是否超限，再确定是否需要镗缸或更换标准气缸套。

对于大尺寸的零部件的线磨损量，使用千分尺、工具显微镜也难以测出。此时可采用三坐标仪测量，其测量尺寸范围大，精度较高，可达微米级（与具体的设备有关，较小者为 $1.8 + 3.0\,L/1000\ \mu m$，L 为工件长度）。例如测试缸套的初始直径为 140 mm（见图 6-6(a)），发生的最大磨损约为 0.4 mm（见图 6-6(b)）。

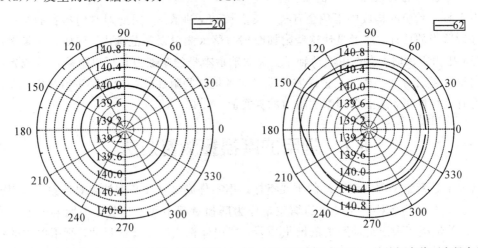

（a）距下止点20 mm处的缸套截面半径变化　　　（b）距下止点62 mm处的缸套截面半径变化

图 6-6　三坐标仪测量缸套磨损量

3. 表面形貌法

磨损改变了表面形貌，此时可采用二维轮廓仪（如传统的触针式轮廓仪）测得一条表面轮廓曲线（见图 6-7(a)），多次测量得到多条不同位置的轮廓曲线，构成三维表面轮廓。触针法的测量精度取决于针尖的曲率半径，其测量精度较高。原子力显微镜（AFM）也是一种触针测量方法。

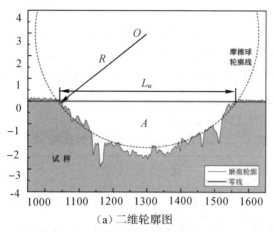

（a）二维轮廓图

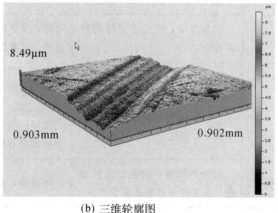

（b）三维轮廓图

图 6 - 7　磨损表面的二维和三维轮廓图

　　激光共聚焦显微镜是近年来发展起来的一种新的表面轮廓非接触测量技术。利用激光束经照明针孔形成点光源对标品内焦平面上的每一点进行扫描，标品上的被照射点在探测针孔处成像，由探测针孔后的光电倍增管（PMT）或冷电偶器件（CCCD）逐点或逐线接收，迅速在计算机监视器屏幕上形成荧光图像。照明针孔与探测针孔相对于物镜焦平面是共轭的，焦平面上的点同时聚焦于照明针孔和发射针孔，焦平面以外的点不会在探测针孔处成像，这样得到的共聚焦图像是磨损面的光学横断面，克服了普通显微镜图像模糊的缺点[2]。对图像的色彩进行标定后呈现出表面轮廓的高度，经计算机图像重构得到表面的三维轮廓（见图 6 - 2(b)）。

　　磨痕截面为弓形时磨损体积为 V，

$$V = \frac{l}{2} \left[\theta R^2 - L_w \sqrt{R^2 - \left(\frac{L_w}{2}\right)^2} \right]$$

$$\theta = \arccos\left(\frac{L_w}{2R}\right)$$

式中：R 为钢球半径（mm）；l 为磨痕周长（mm）；L_w 为磨痕宽度（mm）；磨损体积 V 的单位为 mm³。

4. 放射性同位素法

在进行摩擦磨损试验前，试件需先经过放射性同位素活化使之带有放射性，测量磨粒的放射性或活化试件的放射性强度下降量，即可定量地换算出磨损量。此方法灵敏度高（$10^{-5} \sim 10^{-6}$ g），并可对零件的磨损进行连续检测与自动记录。现已有微小、便携的测量仪器面世，应用还不普遍。

磨损量测量技术的相对优缺点见表 6-1。

表 6-1 磨损量测量技术的相对优缺点[3]

技　术	优　点	缺　点
称重	简单、准确	材料移位或转移造成的数据失真
原位测量磨损试样的长度变化	准确，磨损数据可连续记录	传感器选择受限，安装困难
触针式轮廓仪	非常准确，给出了试样的磨损分布	慢，多数适用于试验终了时磨损的检测，需要昂贵的设备
激光扫描轮廓仪	非常准确、快速，给出了试样的磨损分布	需要昂贵的设备
光学轮廓仪	简单、快速	试样形状复杂或由于磨损、载荷作用的蠕变导致试样变形，不再适用
放射性同位素表面活化	封闭的机械中磨损的原位测量，各零件磨损量的同步测量	不准确，难以保障人员的安全性

6.8 磨损表面分析

6.8.1 磨损表面形貌分析

前面已经介绍了磨损表面形貌的二维或三维表面形貌的分析方法。这里主要介绍表面的显微镜分析方法。普通的光学显微镜因其景深小、放大倍率低、无立体感、对试样要求高等特点，通常只用来初步观察磨损表面，深入的分析还需要借助扫描电子显微镜和原子力显微镜。

1. 扫描电子显微镜

由于透射电镜是利用穿透样品的电子束进行成像的，这就要求样品的厚度必须保证在电子束可穿透的尺寸范围内。为此需要通过各种较为烦琐的样品制备手段将大尺寸样品转变到透射电镜可以接受的程度。扫描电子显微镜（Scanning Electronic Microscopy，SEM）是介于透射电镜和光学显微镜之间的、利用反射电子束成像的一种微观形貌观察手段。

光学显微镜由于受分辨率的限制，其有效放大倍率只有 1000 倍左右，无法分辨常见材料金相组织中的某些细节，如贝氏体中的碳化物及回火时所析出的碳化物、铝合金时效析出的化合物相等。

扫描电镜的优点如下：

（1）有较高的放大倍数，20～20 万倍之间连续可调。

（2）有很大的景深，视野大，成像富有立体感，可直接观察各种试样凹凸不平表面的细微结构。

（3）制样过程简单。目前的扫描电镜都配有 X 射线能谱仪装置，这样可以同时进行显微组织性貌的观察和微区成分分析。

扫描电镜的最大优点是样品制备方法简单，对金属和陶瓷等块状样品，只需将它们切割成大小合适的尺寸，用导电胶将其黏接在电镜的样品座上即可直接进行观察。为防止假象的存在，在放试样前应先将试样用丙酮或酒精等进行清洗，必要时用超声波振荡器清洗，或进行表面抛光。对于非导电样品，如塑料、矿物等，在电子束作用下会产生电荷堆积，影响入射电子束斑和样品发射的二次电子运动轨迹，使图像质量下降。因此这类试样在观察前要喷镀导电层进行处理，通常采用二次电子发射系数较高的金银或碳膜做导电层，膜厚控制在 20 nm 左右。

2. 原子力显微镜

原子力显微镜(Atomic Force Mircoscope，AFM)可在大气、高真空、液体等多种环境下检测导体、半导体、绝缘体以及生物样品的表面形貌及测量表面摩擦力、黏滞力等力学特性。其成像原理示意图如图 6-8 所示，即应用微悬臂梁针尖作为力传感器，当样品形貌上的起伏使针尖受到不同表面力作用时，针尖受力后的弹性变形信息通过激光光路的放大作用，此时，入射激光束通过针尖悬臂梁的折射和反射镜的二次折射，将悬臂梁沿法向和侧向的偏转信号放大到四象限光电二极管上，然后通过测量得到的电压转换信号的标定和图像处理(包括去卷积和一阶、二阶等斜面校正等图像处理技术)，最终可以得到样品的表面形貌和法向力、侧向力、黏着力、拉脱力等信息[4]。

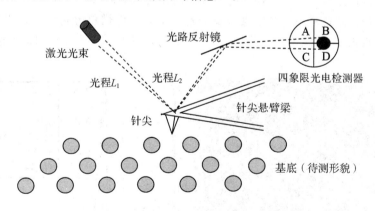

图 6-8　原子力显微镜成像原理示意图

原子力显微镜的力学测量中，针尖在表面力作用下所产生的法向弯曲(长度值)和切向扭转(角度值)等弹性变形量可以通过标定针尖力常数、光程和灵敏度值来计算。

图 6-9 所示为云母磨痕的 AFM 形貌，可见其 z 向分辨率为纳米量级，但 x 和 y 方向测量范围较小，一般只有几百微米。

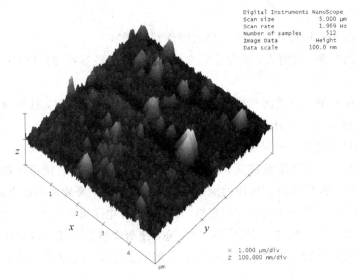

图 6-9 云母磨痕的 AFM 形貌

6.8.2 表面元素分析

1. 电子探针表面成分分析

所谓电子探针，是指用聚焦很细的电子束照射样品表面，用 X 射线分光谱仪测量其产生的特征 X 射线的波长和强度。由于电子束照射面积很小，因而相应的 X 射线特征谱线将反映出该微小区域内的元素种类及其含量。显然，如果将电子放大成像与 X 射线衍射分析结合起来，就能将所测微区的形状和物相分析对应起来（微区成分分析），这是电子探针的最大优点。

利用电子探针分析方法可以探知材料样品的化学组成以及各元素的质量百分数。分析前要根据试验目的制备样品，样品表面要进行清洁。用能谱仪分析样品时要求样品平整，否则会降低测得的 X 射线强度。图 6-10 所示为用能谱仪得到的巴氏合金的局部分析结果。

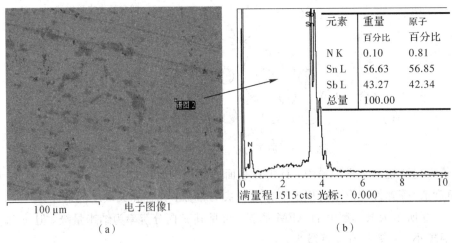

元素	重量	原子
	百分比	百分比
N K	0.10	0.81
Sn L	56.63	56.85
Sb L	43.27	42.34
总量	100.00	

满量程 1515 cts 光标：0.000

（a）   （b）

图 6-10 巴氏合金的局部分析结果

图 6 - 10(a)、(b)分别为第二次测试中光滑区域的 SEM 图和 EDS 能谱图。图 6 - 10 (b)表明，光滑区域的主要成分为 Sn、Sb。Sn 含量为 56.63 wt ％，Sb 为 43.27 wt ％，这是典型的 β(SbSn)固溶体相(灰白色立方形晶体)，是巴氏合金的主要相，在材料中的含量达到 40％以上。β 相是当锑含量超过 7％时，在以锡为基体的 α 固溶体中形成的相，相析出温度为 236℃，显微硬度为 141HV，是一种硬脆相。因为其比重低于熔体，所以在浇注时容易浮于熔体表面而先开始结晶，产生偏析现象。当大量的 SbSn 立方晶体偏析并连接成一片时，合金表现出脆性。

2. X 射线光电子能谱分析

X 射线光电子能谱分析(X - ray Photoelectron Spectroscopy，XPS)所用激发源(探针)是单色 X 射线，探测从表面出射的光电子的能量分布。由于 X 射线的能量较高，所以得到的主要是原子内壳层轨道上电离出来的电子。X 射线光电子能谱不仅能测定表面的组成元素，而且还能给出各元素的化学状态信息。

X 射线光电子能谱的重要特性如下：

(1) 几乎可分析所有的元素，除氢和氦以外所有元素都有分立谱峰。

(2) 近邻元素的谱线分隔较远，无系统干扰。例如 B、C、N、O 和 Si 的 1s 电子结合能分别为：

B — 188 eV；C — 285 eV；N — 400 eV；O — 531 eV；Si — 1840 eV

(3) 可观测的化学位移与氧化态和分子结构相关，与原子电荷相关，与有机分子中的官能团有关。

(4) 可定量测定元素的相对浓度、同一元素不同氧化态的相对浓度。

(5) 表面采样深度为 1～10 nm，信号来自表面数十个原子单层。

XPS 电子能谱曲线的横坐标是电子结合能，纵坐标是光电子的测量强度(见图 6 - 11)。可以根据 XPS 电子结合能标准手册对被分析元素进行鉴定。

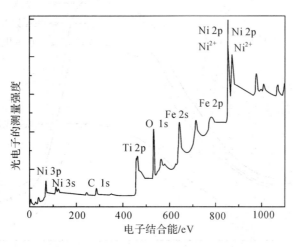

图 6 - 11　镍钛 60 合金的磨损表面 XPS 分析

镍钛 60 合金销与 GCr15 盘在蓖麻油润滑下对磨之后，在销表面形成摩擦膜。对摩擦膜的成分分析可以阐明摩擦机理。从图 6 - 11 中可见有 Ti、Ni、Fe 和 C 元素。C 1s (286.1 eV)峰很弱，碳与烷氧基中的氧结合形成 C — OR，或经水解后形成 C — OH。

图中摩擦膜的 Ni 2p 在 854.6 eV 和 856.1 eV 处的结合能相应于 Ni $2p_{3/2}$ 的 Ni^0、Ni^{2+} 和 Ni^{3+}，它们分别为氧化态的 Ni，与形成的氧化物、氢氧化物和羟氧化物有关。O 1s 处于 532.1 eV，摩擦膜中的单键 C—O 键来自于醚和羧酸。与其他技术手段联用后，判明镍在摩擦过程中因摩擦化学反应形成层状的羟基氧化镍，可能是镍钛 60 合金在蓖麻油润滑下产生超滑的原因。

3. 拉曼光谱

1928 年，印度科学家拉曼(C.V. Raman)首先在研究苯的光散射后，发现在散射光中有与入射光频率相同的谱线和频率发生位移的谱线(频率增加或减小)。前者为已知的瑞利(Rayleigh)散射，称为瑞利效应，后者是新发现的，以发现者的名字命名为拉曼效应。为此，拉曼获得了 1930 年的诺贝尔物理学奖。

不同材料的拉曼光谱有各自的不同于其他材料特征的光谱-特征谱。它提供了定性表征和鉴别材料指纹谱，并可以通过光谱校正得到准确的应力大小和浓度分布。拉曼散射光的强度很弱，只有瑞利散射的 $10^{-3} \sim 10^{-6}$，采用激光作为光源后，一改早期的曝光时间长达数小时到数十天，成为一种快速分析方法，在摩擦学中主要用来检测石墨和金刚石的存在。在金刚石中 C—C 键是 sp^3 杂化，形成四面体结构，拉曼散射峰位于 1332 cm^{-1}（D 峰）；而石墨中 C—C 键是 sp^2 杂化，形成平面层状结构，拉曼散射峰位于 1580 cm^{-1}（G 峰）；对微晶石墨，在 1355 cm^{-1} 处有一较强散射峰；非晶碳由于结构上的无序性，拉曼散射峰位于 1530 cm^{-1} 附近的宽带。通过峰强比 I_D/I_G 可近似确定金刚石和石墨的比例。

在水溶液及干摩擦中，类金刚石(DLC)膜没有发生晶体结构的变化(见图 6-12)。但在摩擦后形成的转移膜中发现了晶化和石墨化(见图 6-13)[5]。

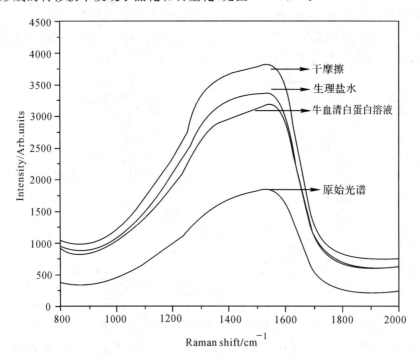

图 6-12　DLC 膜在摩擦前后的拉曼光谱

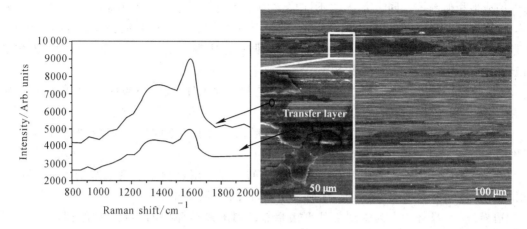

图 6 - 13　DLC 转移膜的晶化和石墨化

6.9　机械系统摩擦学分析与设计

摩擦副的摩擦学性能可通过标准试验机在标准条件下测得。但是标准试验机与真实机器上的摩擦副的运行工况相差很大，也无法反映真实机器的摩擦学行为。这是因为标准试验可模拟比压、速度甚至是环境，但模拟不了机器中配副承受的工况的时变性，非稳态和热的产生与传导、扩散，从而导致试验室测试结果不能直接运用到真实机器中，也很难在试验室进行模拟。从标准试验机试验到真实机器还需要经过台架试验、整机试验，甚至是路试等多个试验阶段。

不同的试验阶段产生的数据需要系统转化的知识。建立相似模型，将实际的较苛刻的工况转换为试验室可实现的工况并使实际系统和模拟系统保持条件范围内的相似比，保证模拟系统得出的结论对于实际系统具有良好的匹配性。

在工程试验中，常利用模型代替原型，采用相同的试验方法标准，用模型试验代替原型试验或实物试验，了解或预测原型试验的结果。一般情况下，模型与原型具有相似关系，而且模型相对于实物原型往往是按比例缩小，因此，模型试验也称为相似试验。相似试验的理论依据是以相似关系为基础的相似原理。相似原理认为：两种试验具有相似性，试验结果才有可比性。相似试验在水利、航空、工程力学等方面获得了成功的应用。

相似系统的相似度通常用来表示相似系统在多大程度上真实反映原型系统。相似性评价的实质是通过比较真实系统与所模拟的仿真系统，来评估二者之间的相似度。相似系统必须通过校核、验证和确认，才能保证仿真的可信度。

6.9.1　相似原理

系统是由相互作用相互依赖的若干组成部分结合而成的、具有特定功能的有机整体，而且这个有机整体又是它从属的更大（更高级别的）系统的组成部分。相似性是系统的固有特性，其实质是系统间特性相似。一般而言，不同类型、不同层次的系统间的要素及特征既不完全相同，也不完全相异，而是部分相同或相异。存在一定相似要素和相似特性的系统称为相似系统。系统具有层次性，同一层次上不同种类系统间存在相似要素和相似特性，构成他相似系统。同一系统内不同层次的主系统与子系统间存在相似要素和相似特性，构成自相似系统。系统具有整体性。机械产品系统的整体性表现为功能、行为、结构、性能的统一性和对应性。同类产品间的相似性同样是客观存在的，它们的相似性必然体现在产品的功能、行为、结构和性能上。

相似的充分必要条件，即相似条件问题，包括几何条件(或空间条件)、介质条件(或物理条件)、边界条件和初始条件。

几何条件：摩擦学行为都发生在一定几何形状和大小的空间内，如摩擦材料试验中摩擦衬片与摩擦对偶的形状及大小。

介质条件：摩擦学行为都是在配副与介质的相互作用过程中表现出来的，如润滑剂、润滑脂水面和水下工作的水介质，火箭发动机的液氢、液氧介质等。

边界条件：摩擦学行为受到与其直接相邻的周围接触部件的影响，如摩擦的表面膜、摩擦速度、接触比压、表面摩擦温度、冷却的风速及流量等。

初始条件：摩擦学行为与初态有关，如摩擦材料试验中的初始表面粗糙度、制动初始速度、初始温度等。

相似度是指两个实例的同一属性的不同取值间的相似度，记为 $q = \text{sim}(x, y)$，取值范围为 $[0,1]$，其中 x、y 是同一属性的不同取值[6]。机械产品相似性是多个单元及特性的综合的系统相似性，且系统的相似度 $0 < q < 1$(1 表示两个系统完全相似，0 表示两个系统完全不相似)。q 越接近于 1，则表示两个系统相似度越大[7]。常用的相似度主要有两类：

(1)数值型。具有数值型值域属性的局部相似度为数值型相似度，可用式(6-2)计算：

$$q = \text{sim}(x, y) = \frac{x - |x - y|}{x} \qquad (6-2)$$

(2)无关型。具有局部相似度的属性域一般是无关型相似度，属性的不同取值之间没有任何联系，如工件类型即属于此种属性。无关型局部相似度可用式(6-3)计算：

$$q = \text{sim}(x, y) = \begin{cases} 1, x = y \\ 0, x \neq y \end{cases} \qquad (6-3)$$

6.9.2 摩擦学系统相似特征的确定

1. 材料相似

(1)试验采用相同材料：这时材料相似是所有相似中相对较为容易实现的，通常可做到材料完全相同，即相等，此时材料的相似度为1。

(2)试验采用相似材料：如果做不到相同材料，就可以选择相似材料。

可以根据材料的性能参数来选取相似材料。材料的性能分为两类：一类是特征性能，属于材料本身固有的性质；另一类是功能性质。摩擦学中主要使用的是特征性能，包括热学性能(如热容、热导率、熔化热、热膨胀、熔沸点等)、力学性能(如弹性模量、拉伸强度、抗冲强度、屈服强度、耐疲劳强度等)、化学性能(即材料参与化学反应的活泼性和能力，如耐腐蚀性、与添加剂的化学反应成膜能力等)。

相似材料要根据试验的目的来正确选择。如果试验的目的在于研究弹性阶段的应力状态，则模型材料应尽可能与一般弹性理论的基本假定一致，即均质、各向同性、应力与应变呈线性关系和固定不变的泊松比。

摩擦副材料要考虑三个方面的相似度,包括热学性能、力学性能和化学性能。热学性能是因为摩擦材料表面磨损与表面摩擦温度和环境温度有关;力学性能是因为摩擦材料表面磨损量与材料的硬度、耐疲劳强度等有关;化学性能是因为不同摩擦材料表面会与润滑剂或者空气介质发生化学反应,在特殊条件的海水、体内植入物中要考虑材料的腐蚀性能。

相似材料的选择有以下原则:

(1) 保证测量要求。

(2) 保证材料性能要求。

(3) 保证模拟要求。

(4) 保证制作方便。

2. 热相似

原型及相似模型的温度状态方程均由热传导方程表达,同时要满足相同的初始条件和边界条件才能确定具体结构的温度场。热相似必须在几何相似和流体动力相似的条件下进行。热相似的意义是指温度场的相似与热流的相似。在冷热流体换热时,当两个几何相似的系统对应温度差的比为定值且这两个系统在运动中又为运动相似时,它们就称为热相似(在对应时间上一个系统中某两点间的温度差与另一系统对应两点间的温度差称为对应温度差)。对于任何相对应的各点(或截面上),两个热相似原始准则都相等。

热相似实际上已归结到组成热流密度的各物理量场相似。

1) 热相似原始准则——Peclet 准数

Peclet 准数用来表示对流与扩散的相对比例。随着 P_e 数的增大,扩散比例减少,对流比例增大。

$$P_e = \frac{vL}{a} \tag{6-4}$$

式中:P_e 是一个无量纲数值,称为 Peclet 准数;v 为特征速度;L 为特征长度;a 为特征扩散系数。

2) 对流换热相似——Nusselt 准数

$$N_u = \frac{\alpha L}{\Lambda} \tag{6-5}$$

式中:N_u 是一个无量纲数,称为 Nusselt 准数,反映了流体和固体壁面间的对流换热量与流体在边界层内的导热量之比,在热阻一定的条件下,N_u 越大,发生于流体与固体壁面之间的对流换热过程越强烈。α 为对流换热系数;L 为特征长度;Λ 为导热系数。

关于对流换热的相似比 q_c 为

$$q_c = \frac{N_{u实际} - |N_{u实际} - N_{u模拟}|}{N_{u实际}}$$

Peclet 准数和 Nusselt 准数都各自相等,即若 $P_{e1} = P_{e2}$,$N_{u1} = N_{u2}$ 同时存在,则

$$\frac{N_{u1}}{N_{u2}} = \frac{P_{e1}}{P_{e2}} = 1 \tag{6-6}$$

$$\frac{\alpha'' L''}{\Lambda''} = \frac{\alpha' L'}{\Lambda'} = \frac{\alpha L}{\Lambda} = N_u \tag{6-7}$$

$$\frac{v''L''}{a''} = \frac{v'L'}{a'} = \frac{vL}{a} = P_e \tag{6-8}$$

3) 热传导相似——傅里叶准数

傅里叶准则为非稳态导热的一个准则，它反映了物体的导热与吸热两者热流量之比。

$$F_o = \frac{\alpha\tau}{L^2} \tag{6-9}$$

式中：F_o 为傅里叶准数，表征两个时间间隔相比所得的无量纲时间；τ 为从边界上开始发生热扰动的时刻起到所计时刻为止的时间间隔；α 为对流换热系数；L 为特征长度。

式(6-9)可改写为

$$C_\tau = \frac{\tau_p}{\tau_m} = C_1^2 \cdot \frac{\Lambda_m}{\Lambda_p} \cdot \frac{c_p}{c_m} \cdot \frac{\rho_p}{\rho_m} \tag{6-10}$$

式中：C_τ 为时间相似系数；τ 为时间，下标 p、m 分别代表原型、模型。热传导相似的边界条件有 4 类，采用第 1 类边界条件即给出原型表面温度分布，模型表面温度与原型表面温度分布相似。其相似系数为

$$C_T = \frac{T_{b,p}}{T_{b,m}} \tag{6-11}$$

式中：C_T 为温度相似系数；T_b 为壁温。

关于热传导的相似比 q_F 为

$$q_F = \frac{F_{o实际} - |F_{o实际} - F_{o模拟}|}{F_{o实际}}$$

3. 接触相似

根据 Hertz 接触理论，非共曲接触压扁 a 及接触压力计算公式为[8]

$$a = \left[\frac{4P(K_1 + K_2)R_1R_2)}{(R_1 + R_2)L} \right]^{\frac{1}{2}} \tag{6-12}$$

$$\sigma_q = \left[\frac{P(R_1 + R_2)}{\pi^2(K_1 + K_2)R_1R_2L} \right]^{\frac{1}{2}} \tag{6-13}$$

$$K_i = 1 - \frac{v_i^2}{\pi E_i} \quad (i = 1, 2) \tag{6-14}$$

式中：P 为外力；R_1、R_2 为两个接触半径；L 为轴向接触长度；v 为泊松比；E 为弹性模量。

现假定有两个受力形式和相同结构的圆柱体相互压靠，其中一个为实型，另一个为模型，其各因子比例关系为

$$K_a = \frac{a^M}{a}, \quad K_{\sigma_q} = \frac{\sigma_q^M}{\sigma_q}, \quad K_L = \frac{L^M}{L}, \quad K_R = \frac{R_i^M}{R} \tag{6-15a}$$

$$K_P = \frac{P^M}{P}, \quad K_{K_i} = \frac{K_i^M}{K_i}, \quad K_{v_i} = \frac{v_i^M}{v_i}, \quad K_{E_i} = \frac{E_i^M}{E_i} \tag{6-15b}$$

在式(6-15)中，上标 M 表示模型值，无上标的为实型值。将式(6-15a)代入式(6-15b)，有

$$K_a = \left[\frac{K_P K_R}{K_L K_E} \right]^{\frac{1}{2}}, \quad K_{\sigma_q} = \left[\frac{K_P K_E}{K_L K_R} \right]^{\frac{1}{2}}, \quad K_K = \frac{1}{K_E} \quad (K_v = 1) \tag{6-16}$$

称为接触应力和接触压扁的相似转换准则。

关于接触的相似比 q_{con} 为

$$q_{con} = \frac{\sigma_{q实际} - |\sigma_{q实际} - \sigma_{q模拟}|}{\sigma_{q实际}}$$

4. 润滑状态相似

润滑状态决定摩擦学行为的基本特性，也是解决摩擦学问题的起点。摩擦系数和工作变量之间的关系可用 Stribeck 曲线表示。Stribeck 曲线描述了润滑接触中摩擦系数随工况条件的变化规律，显示了流体动压润滑、弹流润滑、混合润滑和边界润滑各状态间的转换。流体动压润滑和弹流润滑是否磨损，取决于结构设计是否能形成油膜；混合润滑是流体动压润滑、弹流润滑和边界润滑的共存区域，偶尔有微量磨损；边界润滑有较低的磨损量，其磨损量的大小与所用的润滑油中含有的添加剂有关，合适的添加剂会显著降低磨损量。

两个表面是否完全被油膜隔开或有部分微凸体接触，与油膜厚度 h 及两个表面的综合粗糙度 R_q 有关。一般用膜厚比 λ 来判断润滑状态，其表达式为

$$\lambda = \frac{h}{R_q}$$

式中：h 为两摩擦表面粗糙峰中线间的距离，即平均油膜厚度，或称为中线油膜厚度，如果两表面为曲面，则 h 指最小缝隙处的中线油膜厚度；R_q 为两表面的综合粗糙度，$R_q = \sqrt{R_{q1}^2 + R_{q2}^2}$，其中 R_{q1}、R_{q2} 分别为两摩擦表面的轮廓均方根偏差。

一般地，工程表面的轮廓高度分布接近于高斯分布：

(1) 若 $\lambda > 10$，为流体动压润滑，则微凸体几乎完全被润滑油膜隔开，这时为全膜润滑，微凸体的磨损可以忽略不计。

(2) 若 $3 \leqslant \lambda \leqslant 10$，为弹性流体动压润滑，则微凸体和变形起作用。

(3) 若 $1.5 \leqslant \lambda \leqslant 3$，为混合润滑，则微凸体发生摩擦，而磨损随着 λ 的减小而加剧。

(4) 若 $\lambda < 1.5$，为边界润滑，有磨损和表面破坏。

6.10　摩擦学系统相似

1. 台架尺寸相似

通常缩比比例越小，模型越小，测试仪器设备体积可相应减小，但非主要因素的作用可能相对增大，试验结果误差增大，可比性变差。增大缩比虽然可提高测试精度，但不能过大，否则就失去了缩比试验的意义。因此，在许可的预测精度范围内，同时不致造成观察上的困难和仪器设备的超负荷现象，应尽可能增大几何缩比，这是缩比比例选取的基本原则。缩比试验的摩擦面积缩比为 $1/4 \sim 1/10^{[9]}$，如表 6-2 所示。

表 6-2　几何相似比的选取

缩比系数	1~1/4	1/4~1/10	1/10~1/20
相似比	0.9	0.95	0.9

2. 材料相似

摩擦配副的材料特性可以通过采用相关参数一致的实际材料来模拟，所以材料的相似比 $q=1$。

3. pv 值相似

实际系统的比压 p_s 与线速度 v_s 的积为 $p_s v_s$，模拟系统的比压 p_M 与线速度 v_M 的积为 $p_M v_M$，则 pv 相似比 q_{pv} 为

$$q_{pv} = \frac{p_s v_s - |p_s v_s - p_M v_M|}{p_s v_s} \qquad (6-17)$$

计算程序流程图如图 6-14 所示。获取系统的相似比，构造系统的相似矩阵，同时对构造出的相似矩阵进行维度一致性检验，生成检验系数 C_r。若 $C_r < 0.1$，则继续系统相似度计算。

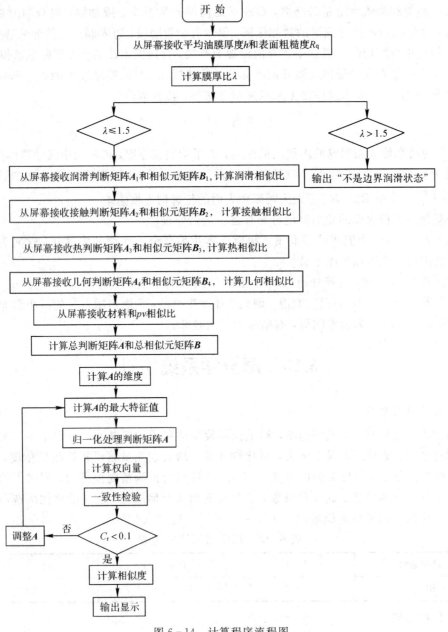

图 6-14 计算程序流程图

两系统之间的相似度值越高，两系统也就越相似，根据单因素优选法中的黄金优选法（这种方法认为如果在试验时，只考虑一个对目标影响最大的因素，其他因素尽量保持不变），一般首先应估计包含最优点的试验范围，如果用 a 表示下限，b 表示上限，则试验范围为 $[a,b]$，根据黄金分割点 0.618，可以认为在黄金分割值区间 $[0.618，1]$ 的相似度计算结果均为相似[10]。

6.11　缸套-活塞环试验[11]

通常的四行程汽油机的运转是按进气行程、压缩行程、做功行程和排气行程的顺序不断循环反复的。自制的发动机冷拖试验台是由运行系统、支承系统、润滑系统和控制系统四个系统组成的，动力系统拟选用电机提供动力，皮带传送动力；运行系统是缸套-活塞环试验台的核心装置，拟设计一套和发动机内部相似的运动机构，由箱体、左右传动轴、飞轮、曲柄、连杆、活塞、缸套等大部件组成；支承系统包括曲轴瓦、曲柄销和主轴瓦。轴瓦是发动机运行系统润滑的核心装置。润滑系统由油泵、油槽、输油管组成，油泵将油槽中的润滑油泵送到支承系统和缸套表面，使用过的润滑油通过导管流入油槽实现循环润滑。控制系统的核心部件是变频器，通过变频器控制电机的转速。

胶合试验相似条件匹配如表 6 - 3 所示。

表 6 - 3　胶合试验相似条件匹配

	实际工况	转化条件	模拟工况
材料	材料一致		
接触形式	活塞环和缸套接触	表面接触应力和内应力相似	销盘
温度控制	230℃	温度场、热传导以及对流换热相似	取台架多个关键点的温度值
润滑状态	干摩擦	润滑状态一致	干摩擦
pv 值	—	—	载荷为 1.3～9.0 MPa；往复频率为 $\nu=1\sim4$ Hz
台架和接触副几何尺寸		台架相似比例为 1/4～1/10，接触副相似比例为 1/1	盘：$\phi30\times5$ mm　销：$\phi6\times15$ mm，前端为 $\phi1$ mm 的球

试验观测到的缸套表面磨损形貌如图 6 - 15 所示。

从图 6 - 15(a)可见缸套表面存在黏着，图 6 - 15(b)表面胶合、撕裂，可以判断出磨损后的表面呈现黑色。缸套表面与空气接触形成了由含铁的氧化物构成的氧化层。缸套-活塞环台架试验实现了胶合试验的目的。

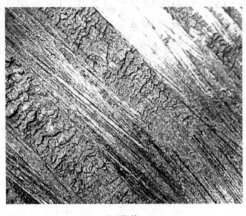

(a) 黏着   (b) 胶合、撕裂

图 6-15　缸套表面磨损形貌(×100)

思 考 练 习 题

6.1　为什么要进行标准试验?

6.2　常见的摩擦、磨损测试方法有哪些?

6.3　如何确定摩擦、磨损的试验参数?

6.4　怎样建立标准试验和产品试验间的联系?

参 考 文 献

[1]　[日]松原清. 摩擦学[M]. 李明怀, 庄志, 译. 西安: 西安交通大学出版社, 1987.

[2]　李楠, 王黎明, 杨军. 激光共聚焦显微镜的原理和应用[J]. 军医进修学院学报, 1996, 17(3): 232-234.

[3]　Stachowiak G W. Batchelor A W, Stachowiak G B. Experimental methods in tribology[J]. Elsevier, 2004.

[4]　张宇军. 碳纳米管 AFM 纳米操纵的实验及理论研究[D]. 清华大学, 2004.

[5]　Guo Feifei, Zhou Zhifeng, Hua Meng, et al. Effect of aqueous solution and load on the formation of DLC transfer layer against Co-Cr-Mo for joint prosthesis[J]. Journal of the Mechanical Behavior of Biomedical Materials, 2015, 49: 12-22.

[6]　王遵彤, 刘战强, 艾兴. 高速切削中实例相似度及其应用的研究[J]. 计算机集成制造系统, 2005, 11(5): 721-726.

[7]　周美立. 相似性科学[M]. 北京: 科学出版社, 2004.

[8]　江胜华, 周智, 欧进萍. 基于赫兹接触理论的桥墩局部冲刷防护石块起动简化公式[J]. 中国公路学报, 2014, 27(5): 118-124.

［9］　俞光燮. 摩擦材料的特性与测试方法［J］. 摩擦材料文集（上），1984,5:51-64.

［10］　高瑶. 黄金数 0.618 在优选法中的应用分析［J］. 内江科技，2008,29(10):56-56.

［11］　杨通. 大型缸套-活塞环系统的摩擦学系统相似性研究［D］. 西安交通大学，2015.

第7章 典型零部件的摩擦学分析

摩擦学不仅进行理论与实验研究，以期揭示摩擦、润滑、磨损与表面科学的技术原理，而且研究摩擦学的关键技术，将新原理、新方法、新技术与新工艺等应用于产品设计。机器中广泛使用的滚动轴承、滑动轴承、导轨、滚动丝杠与机械密封的设计，常常用摩擦学的原理与技术加以设计或革新。本章主要讨论滚动轴承、滑动轴承、导轨、丝杠与机械密封等的摩擦学分析，阐述摩擦学原理与技术的工程应用。

7.1 滚 动 轴 承

7.1.1 弹流润滑

滚动轴承是广泛应用于现代机电设备中的一种高可靠性的基础元件。滚动轴承将回转的轴与机座间的相对运动以滚动体和套圈间的相对滚动来实现。由于滚动轴承中摩擦副的接触载荷高，其赫兹接触应力高达 0.5～3 GPa，因此对轴承进行润滑是必需的。轴承常用的润滑剂为润滑油和润滑脂。据统计，工程中 2/3 的轴承采用润滑脂润滑，1/3 的轴承采用润滑油润滑。基于接触力学知识优化设计滚动轴承是可行的，也有其工程意义。

T. A. Harris 早在 1964 年就开始圆柱滚子轴承的优化设计，基于摩擦学知识的轴承优化设计也是轴承设计的发展方向之一[1]。1949 年，格鲁宾提出弹流润滑理论的基本思想揭示了滚动轴承的润滑性质为弹流润滑。后来又进一步研究了接触零件表面粗糙度、润滑剂的非牛顿体特性与热效应对弹流润滑状态及其转变过程的影响。

1951 年，Petrusevich 发表了线接触弹流第一个完全数值解，得出了弹流润滑的三个基本特征：

（1）接触区中间油膜平行，在出口侧有一颈缩。

（2）在接触区，大部分中间区域是一个近乎赫兹接触的压力分布。

（3）在接触区出口端有一第二压力峰存在且其分布范围很小，称为 Petrusevich 压力峰。

1. 线接触弹流的研究

1959 年，Dowson 和 Higginson 针对重载工况，首次采用他们提出的逆解法获得了一组线接触等温解，即先假设压力分布而求得油膜厚度，使得求解速度加快了且可以得到重载情况下的弹流数值解。后来他们又针对各种载荷、速度和材料参数的线接触等温弹流问题进行了系统的研究，并在大量数值计算的基础上提出了最小膜厚公式，即 Dowson - Higginson 公式（见式(7-1)），该公式被后来的一系列实验所证实[2]。

$$h_{\min} = 2.65 \frac{\alpha^{0.54} (\eta_0 u)^{0.7} R^{0.43}}{E'^{0.03} w^{0.13}} \tag{7-1}$$

$$H_{\min} = 2.65 G^{0.54} U^{0.7} W^{-0.13}$$

$$\overline{h}_{\min} = 2.65 g_v^{0.54} g_e^{0.06}$$

式中，$U = \dfrac{\eta_0 u}{E'R}$，$G = \alpha E'$，$W = \dfrac{w}{E'R}$，$\dfrac{2}{E'} = \dfrac{1-\mu_1^2}{E_1} + \dfrac{1-\mu_2^2}{E^2}$，$H = \dfrac{h}{R}$，$\overline{h} = h \dfrac{w}{\eta u R}$，$g_e = \dfrac{W}{U^{1/2}}$，$g_v = \dfrac{GW^{3/2}}{U^{1/2}}$；$\eta_0$ 为大气压室温下的动力黏度；u 为卷吸速度；α 为压黏系数；w 为单位长度上的法向载荷；R 为综合曲率半径；E_1、E_2 分别为两接触体的弹性模量；μ_1、μ_2 分别为两接触体的泊松比。

D. G. Wymer 和 A. Cameron 用光干涉法首次对有限长线接触弹流进行了测量，提出了中心膜厚公式和最小膜厚公式，并与电阻、电容法测量结果进行比较[3]。对修形滚子的弹流也有理论与试验两个方面的研究，R. Gohar 等对端部压力分布进行了修正。

$$H_c = 0.44 U^{0.64 \pm 0.02} W^{-0.17 \pm 0.04} G^{0.58 \pm 0.10} \tag{7-2a}$$

$$H_{\min} = 1.56 U^{0.71 \pm 0.03} W^{-0.17 \pm 0.04} G^{0.57 \pm 0.10} \tag{7-2b}$$

式中：

$$U = \frac{\eta_0 U}{E'R}$$

$$G = \alpha E'$$

$$W = \frac{w}{E'LR}$$

$$\frac{1}{E'} = \frac{1-\mu_1^2}{E_1} + \frac{1-\mu_2^2}{E_2}$$

$$H = \frac{h}{R}$$

2. 点接触弹流的研究

点接触弹流的研究也起始于 Grubin 型入口分析。首先由 J. F. Archard 于 1965 年提出，之后郑绪云基于同一思想研究了椭圆接触弹流问题。由于点接触弹流问题在数学上较复杂且计算量庞大，直到 1975 年才由 A. P. Ranger 提出了点接触弹流的第一个完全数值解，考虑了弹性变形和压黏效应的影响，给出了中心油膜厚度公式，乏油分析与光干涉试验结果相吻合。20 世纪 70 年代年代末，B. J. Hamrock 和 D. Dowson 发表了一组论文，对椭圆接触区的点接触弹流问题进行了系统的数值分析，提出溢油润滑时的膜厚计算公式和乏油润滑时的膜厚公式；对低弹性模量材料的弹流分析也给出了溢油和乏油润滑时的膜厚计算公式，并且给出了点接触弹流的润滑状态图[4]。

K. A. Koye 和 W. O. Winer 用光干涉法做了 57 组试验，检验了 H-D 公式，结果表明：当椭圆短半轴方向为滚动方向时，与 H-D 理论结果吻合较好；当滚动方向沿椭圆长半轴方向时，膜厚的实验值比 H-D 理论公式值大 30%。

R. J. Chittenden 等对滚动方向沿椭圆长半轴方向的点接触弹流进行了顺解分析，给出了中心膜厚、最小膜厚公式，并给出任意滚动方向时的膜厚计算公式。在弹性压黏（EV）

区，当润滑油的卷吸方向与接触椭圆半径重合时，最小油膜厚度与中心油膜厚度可用式(7-3a)和式(7-3b)来计算。当润滑油的卷吸方向与接触椭圆半径成 θ 角时，最小油膜厚度与中心油膜厚度可用式(7-3c)计算[5]。

$$H_{\min} = 3.0U_e^{0.68} G^{0.49} W_e^{-0.073}(1 - e^{-0.96\frac{Rx}{Ry}}) \qquad (7-3a)$$

$$H_c = 3.06U_e^{0.68} G^{0.49} W_e^{-0.073}(1 - e^{-3.36\frac{Rx}{Ry}}) \qquad (7-3b)$$

$$H_\theta = H_{0^\circ}\cos^2\theta + H_{90^\circ}\sin^2\theta \qquad (7-3c)$$

7.1.2 疲劳点蚀与疲劳寿命

滚动轴承是应用最为广泛的机械零部件之一，机械设备的发展对轴承的可靠度和服役寿命提出了越来越高的要求，对滚动轴承失效机制的研究也不断深入。针对点蚀和剥落的接触疲劳失效，从材料的微观结构、受载下的材料响应、疲劳裂纹萌生与扩展过程的模拟三个方面进行了分析。针对滚动轴承疲劳寿命的计算，目前轴承寿命预测的模型包括概率工程模型、确定性模型和计算模型[6]。

F.Sadeghi 等提出了计算模型。由于滚动接触疲劳失效过程的统计学本质，滚动轴承的疲劳寿命存在离散性。考虑该散布的经验寿命模型没有解释其物理机制。他们提出一种基于损伤力学的疲劳模型来研究轴承接触中表层剥落的过程。模型考虑了在接触循环下材料发生的逐渐退化，包含了材料微观结构的拓扑随机性和性质随机性。研究了这两种随机性对滚动体线接触中次表面应力区域的影响。模拟得到的 Weibull 斜率为 $1.12\sim2.01$，这个结果在轴承钢的实验观察值范围内。

Sadeghi 等开发了一个弹塑性泰森多边形有限元(EPVFE)模型来研究材料的塑性对滚动接触疲劳的影响。该模型同时考虑了基于应力的损伤规律和基于累积塑形应变的损伤规律。将形成剥落的三个阶段——微裂纹萌生、合并和扩展并入了一个统一的公式。EPVFE模型预测，材料的塑性在裂纹扩展阶段起到很重要的作用。裂纹拓展阶段能组成总体寿命的 $15\%\sim40\%$，具体取决于接触压力。

实际中存在许多因素影响滚动轴承的疲劳寿命，主要的因素有可靠度的影响、温度的影响、润滑剂和添加剂的影响、表面粗糙度的影响、材料的影响、载荷分布的影响、环向应力和界面滑动的影响。考虑材料的多种失效模式，正应力确定了裂纹的扩展过程，而剪应力决定了裂纹的萌生过程。

7.1.3 摩擦力矩

滚动轴承中的摩擦导致能量损失和零件失效。主要的摩擦来源于滚动接触区内的滚滑、润滑剂的黏性摩擦、滚动体与挡边或保持架间的摩擦等。例如，圆锥滚子轴承的摩擦力矩由四部分构成：滚道上的滑滚摩擦、端部与挡边的摩擦、滚子与保持架的摩擦以及润滑剂的摩阻力。早在 1959 年，A.Palmgren 就提出了轴承摩擦力矩模型。该模型将轴承的总摩擦力矩分为两部分计算，即与轴承结构类型、转速和润滑剂有关的摩擦力矩，与轴承所受载荷有关的摩擦力矩。

1960 年，日本学者 F.Hirano 用磁性球法测量了深沟球轴承中球的运动，测试了球的滑动和自旋。在非承载区，球与滚道间有可观的滑动，并且滑动随转速的增加而指数式地减小，随载荷的增大而减小，但随径向间隙的增加而变大。由于球的自旋运动，球的滚动轴线变化可达 70°。载荷方向与大小、润滑工况也影响球的滑移。后来，他又用这一方法测试了角接触球轴承中球的运动，在轴向载荷下进行了测量，发现当球数与离心力增大，或轴向载荷减小时，如果忽略陀螺力矩，则理论计算的偏差较大，他建议考虑陀螺力矩和离心力的影响，以计算钢球的运动或轴承的动力学行为。日本学者 F. Hirano 还详细讨论了磁球测量法的标定问题，采用霍尔元件测试，实验定量测量误差为 5%。后来，他们对深沟球轴承进行了测试[91]，测试条件为低径向载荷与低轴的转速，认知了球的滑移运动，了解了离散周期区域的行为。在外摆线回转前，球有不同的运动，即滑移、随机滑移、回转开始、不稳定回转和瞬时滑移。

D. C. Witte 针对纯轴向载荷的圆锥滚子轴承，提出了摩擦力矩的一般表达式，并扩展到径向载荷和径向与轴向复合载荷。

美国 MIT 的 E. P. Kingsbury 在球中间打通孔，用光学方法测试角接触球轴承中钢球的运动规律，测量了钢球的滑动、倾斜、自旋和进动。结果表明，球的倾斜由保持架控制，而滑移由滚道控制。后来，他用这一方法测试了角接触球轴承的进动滑移。结果表明，与纯自旋相比，进动对赫兹滑移场的影响不大。

G. R. Bremble 等假设轴承的保持架固定，分析了径向轴承中的黏滑和蠕变。径向载荷增大，则蠕变增加；外圈滚道上的蠕变小于内圈滚道上的蠕变；在一定内圈转速下，载荷增加，则外圈速度减小。

G. D. T. Carmichael 等假设保持架与轴承内圈的摩阻为滑动轴承模型，用 Petroff 定律计算摩阻力，得到的结果与摩擦力矩的实测值相符。

J. V. Poplawski 计算了高速滚子轴承的滑移和保持架力，分析了保持架滑动、滚子滑移、基于线接触弹流的油膜厚度与保持架力，但没有考虑滚子的歪斜和偏斜。

日本学者 T. Hatazawa 等试验测试了推力滚子轴承、圆锥滚子轴承的摩擦特性，分析了载荷、速度与滚子列数对推力滚子轴承摩擦的影响。后来，他们测量了圆锥滚子轴承的摩擦力矩，用磁性滚子法测量滚子的运动，用接触电阻法测试润滑状态。在宽的推力载荷、回转速度与黏度范围，研究润滑状态对摩擦力矩的影响。他们认为，在流体润滑状态，摩擦力矩与推力载荷的 0.5 次方成正比，并且滚子与滚道间有滑移；在弹流润滑状态下，摩擦力矩随载荷增大而缓慢增加；在边界润滑状态下，摩擦力矩与载荷成正比，并且与回转速度和润滑剂黏度无关。

S. Aihara 针对纯轴向载荷，提出了一个新的摩擦力矩计算公式。他假设滚道摩擦为纯滚动。

P. K. Gupta 用滚动轴承动力学分析软件 ADORE 分析了高速圆柱滚子轴承的摩擦稳定性。他认为，优化摩阻力-滑动的关系曲线，可以使得滚子/滚道接触的磨损和发热最少；与球轴承的圆孔保持架涡动不同，轻载圆柱滚子轴承的保持架涡动不显著。

Timken 公司的 R. S. Zhou 等考虑膜厚比和热弹流效应，改进了挡边摩擦和滚道摩擦的计算，从单个滚子分析，提出了圆锥滚子轴承的摩擦力矩计算方法。他们的计算方法可以进一步扩展，分析化学作用、滚子偏斜、端部载荷和润滑脂对摩擦力矩的影响。

Timken 公司的 L. Houpert 研究了球轴承和圆锥滚子轴承的摩擦力矩，认为球轴承的接触椭圆曲率和球的自旋是摩擦力矩的主要因素，而圆锥滚子轴承的挡边摩擦是重要的摩

擦力成分。如果滚子的挡边摩擦系数小，则圆锥滚子轴承的摩擦力矩比球轴承的还低。

D. Nelias 等用高压黏度计和双圆盘试验机得到三种航天润滑剂的黏度和密度关系，采用 Johnson－Tevaarwerk 本构关系，并且计入热效应影响，分析了滚动轴承摩阻力的变化，得到的摩阻力系数-滑滚比曲线关于原点对称，这与其他作者的试验结果一致。

密封件引起的摩擦力矩与其他原因的摩擦力矩相互独立。轴承的摩擦力矩应直接反映其与轴承内部参数的关系，例如沟曲率半径系数、接触角、球数等。考虑钢球与滚道接触处的微滑、弹性滞后与自旋形成的摩擦力矩，得出了角接触球轴承库仑摩擦力矩（低速摩擦力矩）的计算方法。也可以利用能量守恒定律，建立角接触球轴承摩擦力矩理论计算公式，分析轴承的结构参数、工况参数与摩擦力矩的关系。

目前，测试滚动体运动的方法有磁化滚动体法和通孔光学检测法。滚动体与滚道和保持架间的作用、接触区内的微滑、弹性滞后、自旋与保持架涡动等，都影响摩擦力矩。以前认为摩擦力矩是不可计算的，只能通过实验测得。但是，目前数值模拟技术可以求出具有足够精度的摩擦力矩及其变化。有理由相信，随着技术的发展，不久的将来可以优化设计滚动轴承的摩擦力矩。

7.2 滑动轴承

7.2.1 滑动轴承的结构

图 7-1 所示为三种固体润滑的套筒轴承。图 7-1(a)是将固体润滑剂制成圆形镶嵌在轴套内，制造成固体润滑滑动轴承，固体润滑剂的镶块可以是圆形或菱形等形状。图 7-1(b)是将固体润滑剂以单螺旋形镶嵌在轴套内，支承固体润滑轴承。图 7-1(c)中的固体润滑剂是以双螺旋形镶嵌在轴套内，以起到固体润滑的作用。

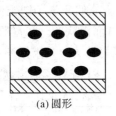 

(a)圆形　　　　　　　　　(b)单螺旋形　　　　　　　　(c)双螺旋形

图 7-1　三种固体润滑的套筒轴承

图 7-2(a)是柠檬形轴承，当轴顺时针或逆时针旋转时，同时有两个油楔可以产生流体动压润滑。图 7-2(b)是可倾瓦轴承，楔形角的大小可以依据载荷的变化而改变。图 7-2(c)是偏置轴承，在制造中分别加工轴承的一半，然后安装成偏置的结构形式。图 7-2(d)是四油楔轴承，当轴顺时针或逆时针旋转时，同时有四个油楔可以产生流体动压润滑。图 7-2(e)是浮动轴承，轴瓦安装在弹性零件上，瓦面的楔形角可随载荷的大小而改变。图 7-2(f)是弹性支承轴承，轴瓦安装在弹簧上，轴承的承载能力是可以变化的。

图 7-3 是其他类型的滑动轴承结构。图 7-3(a)是仿叶片泵的径向滑动轴承。图 7-3(b)是有弹性带的滑动轴承。图 7-3(c)是有穿孔弹性套的滑动轴承。图 7-3(d)是有浮环和柱销的滑动轴承。图 7-3(e)是前述四种轴承的综合形式。图 7-4(f)是密封塞轴承结构。

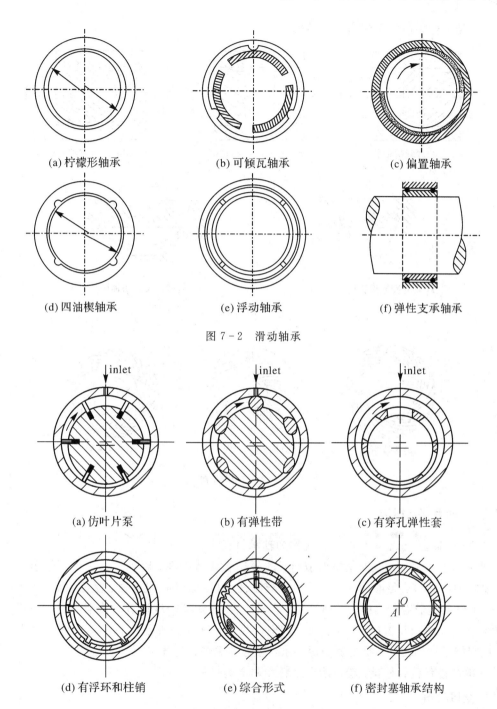

图 7 - 2　滑动轴承

图 7 - 3　其他类型的滑动轴承结构

　　图 7-4 是螺旋槽轴承，依据螺旋泵送原理来汲取润滑油以润滑轴承的工作表面。图 7-4(a)、(b)、(c)是向心螺旋槽轴承。图 7-4(d)是圆锥螺旋槽轴承，可以同时承受径向载荷和轴向载荷。图 7-4(e)是球面螺旋槽轴承，也可以同时承受径向载荷和轴向载荷。图 7-5 为螺旋槽推力轴承，可以承受轴向载荷。图 7-5(a)是零净流量的螺旋槽推力轴承结构。图 7-5(b)是向外、向内泵送的螺旋槽推力轴承结构。图 7-5(c)是人字形螺旋槽推

力轴承,是一种零净流量推力轴承结构。

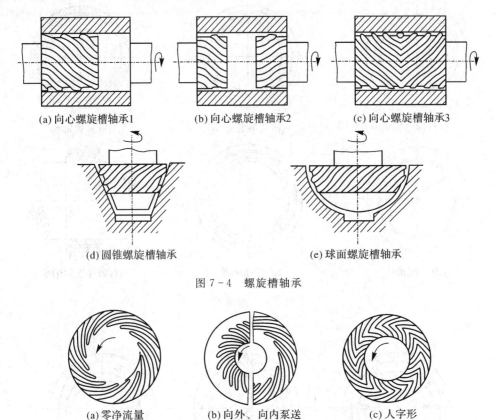

(a) 向心螺旋槽轴承1　　　(b) 向心螺旋槽轴承2　　　(c) 向心螺旋槽轴承3

(d) 圆锥螺旋槽轴承　　　　　　　(e) 球面螺旋槽轴承

图 7 - 4　螺旋槽轴承

(a) 零净流量　　　　　(b) 向外、向内泵送　　　　　(c) 人字形

图 7 - 5　螺旋槽推力轴承

7.2.2　轴瓦的材料设计

轴瓦(或轴套)和轴承衬的材料统称为轴承材料。

轴瓦的主要失效形式是磨损和胶合,此外还有疲劳破坏、腐蚀等。为保证轴承正常工作,要求轴承材料有足够的强度和塑性,减摩性(对油的吸附能力强、摩擦系数小)和耐磨性好,耐蚀和抗胶合能力强,导热性好,容易跑合(经短期轻载运转后能消除表面不平度使轴颈与轴瓦表面相互吻合)且易于加工制造。显然,现在的轴承材料不能同时满足上述要求,应根据具体情况,满足主要使用要求,综合考虑进行选择。

轴承材料有金属材料、粉末冶金材料和非金属材料。

1. 金属材料

轴承金属材料包括轴承合金、青铜、铸铁等。轴承合金(又称白合金或巴氏合金)的金相组织是在锡或铅的软基体中悬浮锑锡(Sb - Sn)及铜锡(Cu - Sn)的硬晶粒;硬晶粒起支承和抗磨作用,受重载时硬晶粒可以嵌陷到软基体里,使载荷由更大的面积承担。轴承合金在减摩性上超过了所有其他摩擦材料,且很容易和轴颈跑合,它与轴颈的抗胶合能力也较好;但轴承合金价格贵,而且机械强度比青铜、铸铁等低得多,通常只能作为轴承衬浇铸在青铜、铸铁或软钢的轴瓦内表面上。

青铜的强度高，承载能力大，导热性好，且可以在较高的温度下工作，但与轴承合金相比，抗胶合性能较差，不易跑合，与之相配的轴颈必须热处理淬硬。

2. 粉末冶金材料

粉末冶金材料是将铁或青铜粉末与石墨等均匀混合后高压成形，再经过高温烧结而成，具有多孔组织。孔隙中可预先浸渍润滑油，运转时贮存于孔隙中的油因热胀而自动进入滑动表面，起润滑作用，故又称为含油轴承。含油轴承加一次油可以使用相当长的一段时间，常用于轻载、不便于加油的场合。

3. 非金属材料

非金属轴承材料主要有塑料、石墨、橡胶和木材等。

7.2.3　层流润滑设计

进行滑动轴承的流体动压润滑分析或者弹性流体动压润滑分析时，首先建立理论模型，一般包括雷诺方程、黏度方程、密度方程、膜厚方程、能量方程、固体热传导方程和载荷平衡方程[7]；其次是数值求解，一般采用中心差分格式来离散求解；最后，对计算结果进行分析，以期优化轴承的结构设计和轴承的参数设计。

1. 径向滑动轴承

多瓦可倾瓦滑动轴承示意图如图 7-6 所示。建立多瓦可倾瓦径向滑动轴承热变形分析的数学模型时，应对比分析不同情况下多瓦可倾瓦径向滑动轴承的弹流润滑性能差异，即仅考虑弹性变形和同时计入弹性变形和热变形（见图 7-7），详细分析轴瓦热变形对轴承弹流润滑性能的影响。结果表明，轴瓦热变形导致最小油膜厚度增大、最高瓦面温度下降，但对流体动压力的影响较小[8]。

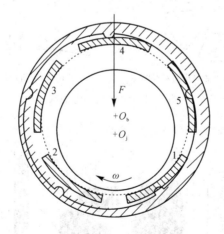

图 7-6　多瓦可倾瓦径向滑动轴承示意图

轴线偏斜在工程实践中不可避免，应该分析其对多瓦可倾瓦径向滑动轴承热流体动力润滑性能产生的影响。在考虑轴线偏斜与瓦块自由度的基础上，文献[8]推导了可倾瓦径向滑动轴承的油膜厚度方程，建立了数学模型，计算了单自由度、双自由度两种瓦块支承的径向滑动轴承在不同程度偏斜时的最小油膜厚度、压力分布和三维温度分布，并分析了偏斜对这两种轴承热流体动力润滑性能的影响。结果表明，轴线偏斜对单自由度瓦径向滑

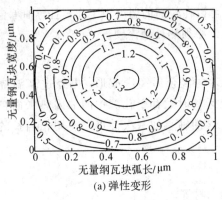

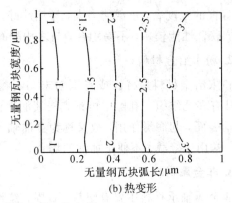

| (a) 弹性变形 | (b) 热变形 |

图 7-7　第 2 块瓦的弹性变形和热变形

动轴承有较大影响,而对双自由度瓦径向滑动轴承的润滑性能几乎没有影响[8]。

2. 推力滑动轴承

轴偏斜是实际运行推力滑动轴承中普遍存在的现象,轴心线的偏斜是造成推力轴承失效的主要原因之一(见图 7-8)。文献[10]建立了可倾瓦推力滑动轴承弹性流体动压润滑的计算模型,计算了五组不同轴偏斜角下的轴承润滑性能,并将其与未偏斜时的润滑性能作对比。结果表明,轴偏斜造成每块瓦的油膜厚度、压力分布、瓦面温度均不相同,其中对油膜厚度、压力分布影响很大,对瓦面温度分布影响较小;在全膜润滑状态下,微小的偏斜角变化会造成最小油膜厚度和最大压力明显的变化,但瓦面最高温度变化很小(见图 7-9 和图 7-10)[10]。

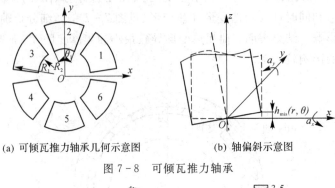

| (a) 可倾瓦推力轴承几何示意图 | (b) 轴偏斜示意图 |

图 7-8　可倾瓦推力轴承

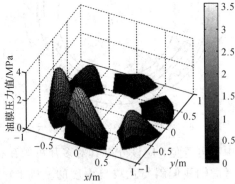

图 7-9　偏斜角为 $\alpha_x = 0.004°$、$\alpha_y = 0.001°$ 时推力滑动轴承油膜压力分布

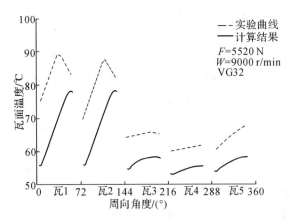

图 7 - 10　五瓦瓦面温度分布[9]

7.2.4　湍流润滑设计

流体的运动有两种形态,即层流和湍流。在层流中,流体的质点沿着它的轨迹层次分明地向前移动,其轨迹是一些平滑的随时间变化较慢的曲线。在湍流中,流体质点的轨迹杂乱无章,相互交错,而且在迅速地变化。湍流在某些情况下,表现为非线性的随机运动,而在另一些情况下又表现为基本有序的拟序结构(相干结构)。对湍流的研究已有 100 多年的历史,但至今对其规律并未研究清楚,致使湍流理论大大落后于迅速发展的工程技术的需要[11,12]。

理解湍流机制和预测湍流特性是主要的研究目标。湍流运动是混沌的,也是随机的。针对湍流的复杂性,常用的研究方法有:试验、分形、混沌、重整化群、直接数值模拟、大涡模拟、概率密度分布函数模拟等[12]。

1877 年,T. V. Boussinesq 开始用表观湍流(涡旋)黏度系数来表示湍流剪应力。

1883 年,O. Reynolds 通过实验发现了湍流和层流的本质差别,以及层流过渡到湍流的条件。当雷诺数小于一定数值时,流体为层流流动;大于一定数值时,流体为湍流流动;介于二值之间时,由层流向湍流过渡。流体处于从层流到湍流的过渡状态时,流体的紊动具有间歇性质:一会儿产生紊动,一会儿消失。O. Reynolds 提出用统计平均的方法来研究湍流,将不规则的湍流场分解为规则的平均场和不规则的脉动场(或涨落),从而把研究湍流的重点引向湍流的统计特性,他提出了脉动场的平均动量输运概念,即雷诺应力。他将湍流运动分为时均运动和脉动运动两个部分,引进了两种平均效应,一种是分子的平均效应,另一种是湍流团的平均效应。

G. Eiffel 和 L. Prandtl 通过测量球体阻力的试验,发现在固体表面附近的边界层中同样存在着从层流向湍流过渡的问题。L. Prandtl 参照分子自由程引入混合长度的概念,来讨论单向沿管壁的流动。

G. I. Taylor 认为湍流的载体是大大小小的随机涡,他把湍流的动量输运和标量输运称为湍涡黏度和湍涡扩散。G. I. Taylor 于 1932 年提出涡量转移理论,他认为在混合长度这段距离内不是动量而是涡量才是一个不变的量。1938 年,Taylor 引入一维湍谱。

T. Von Karman 提出混合长度和某一点的局部性质有关。1938 年，Karman 和 L. Howarth 把笛卡儿张量引入不可压缩流体的均匀各向同性湍流理论，简化了 Taylor 的计算，并且得到了二元速度关联和三元速度关联的表达式以及它们各自分量之间的关系。

N. Kolmogorov 认为湍流脉动是一种多变量的随机过程，他用量纲分析方法导出了局部各向同性湍流的普适能谱。N. Kolmogorov 提出，作为一级近似，湍流可以用局部的单一长度尺度 l 和速度尺度 u 表征，后来 Launder 和 Spalding 构造出湍流动能平均值 k 和湍流动能耗散率平均值 ε 的方程，求解这两个方程，并利用关系式 $2k = 3u^2$，$\varepsilon = u^3/l$，就可以得到涡旋黏性系数的值。1941 年，Kolmogorov 引入局部各向同性概念，认为大涡旋并不是各向同性，而小涡旋则为各向同性，并且认为在大小涡旋的级串过程中，能量耗散率和运动黏性系数是两个特征量。能量由大涡旋逐级传入小涡旋，再耗散为热能。

周培源首先导出了湍流相关张量的动力学方程，被认为是湍流模式理论的奠基人。1940 年，周培源用 Navier – Stokes 方程减去 Reynolds 方程，得到了速度涨落方程。1975 年，周培源引入涡旋尺度和涡旋 Reynolds 数的关系和准相似性假设，得到了符合实验结果的整个衰变过程的湍能衰变规律和湍流微尺度的扩散规律。

1952 年，研究遍历理论的著名概率论和数理统计学家 E. Hopf 根据湍流脉动场的随机性质，引入脉动速度场的分布泛函，提出了 Hopf 理论。

1958 年，R. H. Kraichnan 提出直接相互作用理论，他将外力作用下的 Navier – Stokes 方程经过 Fourier 变换，求得小扰动下 Green 函数所满足的方程。然后，再将速度和 Green 函数用小参数展开，其实质相当于用 Reynolds 数进行展开。

1963 年，E. N. Lorenz 提出的奇怪吸引子理论可以研究非线性微分方程的解出现分岔现象的奇点附近的轨道状况。一些数学家利用这种现象来解释湍流的发生，并提出了一些理论模型。

1968 年，Meecham 等人将 20 世纪 30 年代 Wiener 用于研究噪声非线性过滤所用的 Wiener – Hermite 泛函展开方法运用到湍流问题的研究。

1975 年，Lewis 等人从气体分子运动论的观点出发，在微观领域内发展了 Reynolds 两种平均理论。他们引用超系统（superensemble）和次系统（subensemble）两种平均来对应 Reynolds 的分子平均和湍流平均。

1971 年，陈善谟提出统计力学重复级串法。从统计力学的方法出发，与 R. H. Kraichnan 一样引入传播子的概念，用重复级串法求出了相应于 Heisenberg 的涡旋黏性系数表达式。

1975 年，S. Grossmann 提出重正化群法，他将湍流运动看作类似二级相变的过程来研究。

1976 年，B. Mandelbrot 提出用分形数学研究湍流运动，从几何形态入手研究湍流运动[12]。

为了在模型中包含更多物理过程的影响，Donaldson 提出了采用二阶统计矩的模型，改进了涡旋黏性系数模型，通常称为雷诺应力代数方程模型。一阶模型为涡旋黏性系数模型；三阶模型求解的是三阶统计矩的微分方程，由于独立的三阶统计矩方程数目多，三阶矩模型都相当复杂。1968 年，Donaldson 提出了不变性原理，认为坐标系变换时，模型公式应保持不变,这是保证湍流模型有较大通用性的重要条件。1977 年,Schumann 提出湍流模型还必须满足可实现性条件。

1990 年,叶坚和窦国仁采用窦国仁的湍流随机模型,其涡黏性系数用二阶张量表示,提出了 k‑ε‑S(turbulent kinetic energy‑dissipation‑Stochastic theory)模型,克服了 k‑ε‑E(turbulent kinetic energy‑dissipation‑Eddy viscosity)模型中 Boussinesq 各向同性涡黏性系数假设的缺陷,k‑ε‑E 模型是 k‑ε‑S 模型的特殊情况。k‑ε‑E 模型已被大量用于湍流的计算,但是由于 k‑ε‑E 模型采用涡黏性系数各向同性的 Boussinesq 假设,因而降低了对复杂流动的预测能力。为了克服这一缺陷,提出了 k‑ε‑R 模型,即求解模型化的雷诺应力方程。然而,计算工作量也随之增大,此后又提出了一种简化的模型,即 k‑ε‑A 模型。k‑ε‑R 与 k‑ε‑A 模型能模拟 k‑ε‑E 模型无法模拟的湍流流动,并能得到雷诺应力分量。

1991 年,蔡树棠和林多敏提出了一种仿量子场论的模型。用基本粒子产生与湮灭的方法来描述湍流中涡旋的产生和消灭。他们认为在时间过程中按相似规律变化的湍流涡旋才算是同一个涡旋,而不具有相似性的涡旋出现或消失,可看成是相互作用项引起的产生和湮灭。

湍流模式理论就是以 Reynolds 平均方程与脉动运动方程为基础,依靠理论与经验的结合,引入一系列模型假设,建立一组描写湍流平均量的封闭方程组的理论计算方法,其基本思想可以追溯到 100 多年前 Boussinesq 涡黏系数模拟的 Reynolds 应力、封闭方程组。

湍流的基本模式有:Rotts 的完整应力模式、Launder 和 Spalding 的 k‑ε 二方程涡黏模式、二阶矩封闭模式(DSM)、代数应力模式(ASM)、蔡树棠提出的三涡旋分开考虑的模式,后来又有了非线性 k‑ε 模式、非线性二阶矩封闭模式。

湍流随机模型新的发展有:renormalized perturbation theory (RPT)、renormalized group theory (RGT)和 decimation model (DEC)。

湍流的动力学分析有:Lagrangian 湍流与 Hamiltonian 混沌、湍流的转捩与混沌。

湍流的数值模拟有:格子气体模型、格子 Boltzmann 模型和格子 BGK 模型。

湍流转捩研究的理论有:三波共振理论、二次失稳理论、亚谐共振理论和非线性自相互作用理论。转捩的类型有 K 型转捩与 N 型转捩。

综上所述,湍流理论从其研究的思路上可以分为两类。一类是先把流体力学方程组平均以后,设法使方程组封闭,求解后再和试验比较,看封闭方法是否正确。另一类是先求解,取特殊模型,再引进平均,得到要求的物理量,并和相应的实验结果进行比较。

7.3　导轨与滚珠丝杠

7.3.1　导轨

滑动摩擦导轨的截面形状主要有四种(见图 7‑11):矩形、三角形、燕尾形和圆柱形。

矩形导轨(见图7-11(a))结构简单,当量摩擦系数小、刚度大,加工、检验都较方便,但不能自动补偿间隙,导向精度低于三角形导轨。三角形导轨(见图7-11(b))的导向性能与导轨的顶角大小有关,顶角越小,导向性能越好,但其当量摩擦系数却越大,通常取顶角为90°。燕尾形导轨(见图7-11(c))的高度较小,尺寸紧凑,调整间隙方便,可承受倾覆力矩,但其加工和检验都不方便,不易达到高的精度,刚性差,摩擦力大。圆柱形导轨(见图7-11(d))的加工和检验较方便,易于达到较高的精度,但其间隙不能调整、补偿,对温度的变化较敏感,应设计有防止运动件转动的结构或成对使用[13]。

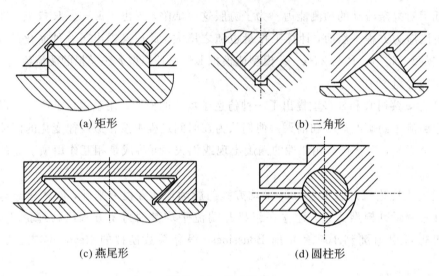

(a) 矩形   (b) 三角形

(c) 燕尾形   (d) 圆柱形

图7-11 滑动导轨

图7-12所示为滚子导轨,这种导轨的承受能力和接触刚度都比滚珠导轨大,因此,常用于大型仪器、工具磨床中。滚柱导轨对导轨面的平行度(扭曲)的要求比滚珠导轨高。滚柱在两导轨间作往复运动,因此行程一般小于导轨长度的1/2。

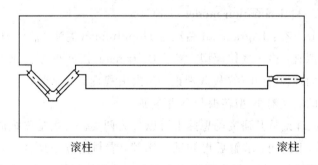

滚柱   滚柱

图7-12 滚动导轨

流体静压导轨是在导轨的相对滑动面之间注入流体,形成承压的油膜或气膜,使工作台浮起,工作台和导轨面没有直接接触。图7-13所示为液体静压导轨,来自油泵的压力油经过节流器后进入工作台的油腔,产生流体静压力把工作台托起,油膜把运动导轨(工作台)和支承导轨完全分开,油再从相对滑动面的间隙流回到油箱。

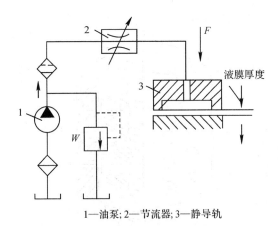

1—油泵；2—节流器；3—静导轨

图 7 - 13　液体静压导轨

　　流体静压导轨摩擦力小，在微量移位时没有爬行现象；磨损极小，抗震性能好，运动精度高，工作面温升小。但其结构复杂，需要一套液压设备，调整比较麻烦，故主要应用于大型机器中。

7.3.2　滚珠丝杠

　　早在 1874 年，美国就记载有采用滚珠螺旋传动的螺旋压力机的专利。滚动摩擦力比滑动摩擦力小，滚动摩擦的丝杠具有摩擦小、效率高的优点，同时摩擦角小而不能自锁。随着机床的数控化率的提高，高精度滚珠丝杠得到发展，以提高机床的加工速度、精度、寿命及其稳定性。目前滚珠丝杠技术的发展方向有高速、低噪声和高精度保持性等[14]。滚珠丝杠如图 7 - 14 所示，滚动体可以是钢球，也可以是圆锥滚子等（见图 7 - 15）；另外还有球形短圆柱、特殊母线滚柱、行星式滚柱等新型滚动体。

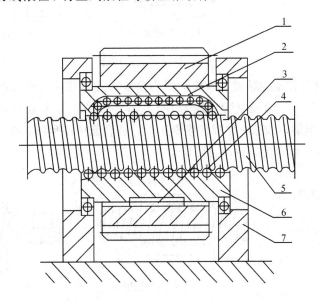

1—齿轮；2—返回滚道；3—键；4—滚珠；5—螺杆；6—螺母；7—机架

图 7 - 14　滚珠丝杠

141

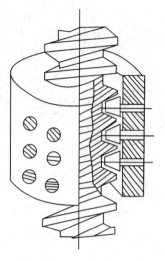

图 7-15　圆锥滚子丝杠

　　滚动体有外循环(见图 7-16(a))、内循环(见图 7-16(b))和端盖循环(见图 7-16(c))三种结构形式,如图7-16所示。外循环是最常见的循环方式;端盖式循环适合小导程丝杠设计;内循环方式可以实现螺母外径设计紧凑化,适合大导程的丝杠设计。

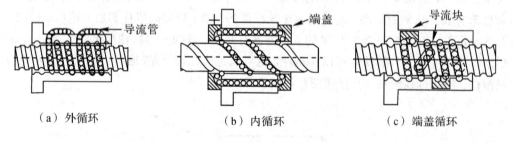

（a）外循环　　　　　（b）内循环　　　　　（c）端盖循环

图 7-16　滚珠丝杠的循环

　　预压可以提高丝杠传动的精度,滚珠丝杠的预压形式有双螺母预压(见图 7-17(a))、导程偏移预压(见图 7-17(b))和过大钢球预压(见图 7-17(c))。双螺母预压设计适合中高预压情形,刚性高,但螺母较长;导程偏移预压设计适合低中压预压,螺母设计紧凑;过大钢球预压适合低预压,而且传动效率会降低。

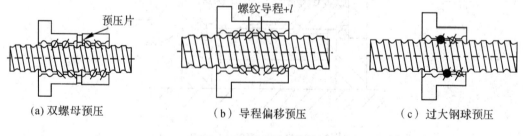

(a)双螺母预压　　　　（b）导程偏移预压　　　　（c）过大钢球预压

图 7-17　滚珠丝杠的预压

7.4　机　械　密　封

　　机械密封最早于 1885 年在英国申报专利,并于 1890 年应用于轴承密封。机械密封的设计与流体力学、润滑、摩擦和磨损理论有关,流体密封可分为流体动密封和流体静密封。机械密封的功能是阻止泄漏,可以分为接触式密封和非接触式密封。典型机械密封的结构如图 7 - 18 所示,动环与静环间依靠弹簧压紧,动环与轴一起旋转,而静环静止不动[15]。弹簧闭合力与两环间的流体动压力相平衡,起到密封的作用。目前,机械密封的动静环材料得到很好发展,并与电子控制技术相结合,发展主动控制型的机械密封。另一方面,可以通过磁场或电场调控黏度的流体也用于密封设计,例如磁流体密封的应用。

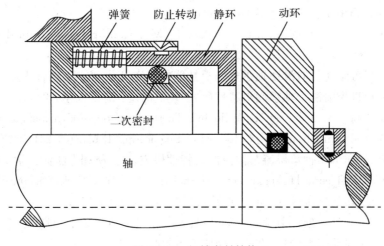

图 7 - 18　机械密封结构

思考练习题

7.1　滚动轴承的常用润滑剂有哪些类型?

7.2　滚动轴承在使用过程中,常见的磨损形式有几种机理?

7.3　如何判断滑动轴承是层流润滑还是湍流润滑?

7.4　固体润滑的滑动轴承常用于什么场合?

7.5　滑动导轨的失效形式有几种?

7.6　滚珠丝杠的摩擦学设计有几方面的内容?

7.7　如何设计机械密封的闭合力?

参 考 文 献

[1]　Harris T A. Rolling Bearing Analysis, 4th edition[M]. New York: John Wiley &

Sons，2001.

[2]　Dowson D，Higginson G R. Elastohydrodymanic lubrication[M]. Pergamon Press，1977.

[3]　Wymer D G，Cameron A. Elastohydrodynamic lubrication of a line contact[C]. Proc. Instn. Mech. Engrs，1974.

[4]　Hamrock B J，Dowson D. Ball bearing lubrication[M]. New York：John Wiley & Sons，1981.

[5]　Chittenden R J，Dowson D，Dunn J F，et al. A theoretical analysis of the isothermal elastohydrodynamic lubrication of concentrated contacts，part 2：general case，with lubricant entrainment along either principal axis of the Hertzian contact ellipse or at some intermediate angle[J]. Proceedings of the Royal Society，Series A，1985，397：271－294.

[6]　Sadeghi F，Jalalahmadi B，Slack T S，et al. A review of rolling contact fatigue，Journal of Tribology，2009，131/ 041403－1/15.

[7]　Szeri A Z. Fluid film lubrication：Part I [M]. Cambridge：Cambridge University Press，1998.

[8]　黎伟. 多瓦可倾瓦径向滑动轴承热润滑性能的研究[D]. 杭州：浙江大学，2012.

[9]　余谱. 水轮机径向滑动轴承润滑特性研究[D]. 杭州：浙江大学，2014.

[10]　Jiang Xiulong，Wang Jiugen，Fang Jinghui. Thermal elastohydrodynamic lubrication analysis of tilting pad thrust bearings[J]，Journal of Engineering Tribology，2011，225(2)：51－57.

[11]　彭龙龙. 径向滑动轴承层流与湍流润滑特性研究[D]. 杭州：浙江大学，2016.

[12]　Frost W，Moulden T H. Handbook of Turbulence[M]. New York：Plenum Press，1977.

[13]　戴曙. 金属切削机床设计[M]. 北京：机械工业出版社，1981.

[14]　冯虎田. 滚珠丝杠副动力学与设计基础[M]. 北京：机械工业出版社，2014.

[15]　顾永泉. 流体动密封[M]. 北京：烃加工出版社，1990.